INHALT

INDUSTRIEKULTUR IN BERLIN

Starke Vergangenheit – starke Zukunft

Neue Potenziale für die Stadtentwicklung

Berlin verändert sich. Menschen aus aller Welt kommen in die Stadt. Aus dem Zusammenspiel von Kreativszene, digitalen Innovationen, Kultur und Wissenschaft entsteht eine neue Berliner Mischung. Der große Bestand an historischen Industriebauten und -arealen mit seiner eindrucksvollen Industriegeschichte bietet ein unschätzbares Potenzial für innovative Ideen, als traditioneller Industriestandort oder als Raum für erlebbare Industriekultur. Viele Akteure und Fachleute engagieren sich für die Entwicklung und den Fortbestand dieses einmaligen Erbes der Industrieentwicklung und erfüllen es mit neuem Leben. Mit der vorliegenden Broschüre informieren wir Interessierte, wollen Neugier wecken und befördern den Austausch der Akteure.

Berlin besitzt wie kaum eine andere Metropole Europas eine Vielzahl herausragender Zeugnisse, die die rasante industrielle Entwicklung im letzten Jahrhundert illustrieren. Ob in Wedding oder Tempelhof, in Pankow, Schöneberg, Schöneweide oder Reinickendorf – mit der Elektroindustrie, dem Maschinen- und Eisenbahnbau, der Nachrichten- und Funktechnik, der Textil- und Modeindustrie und selbst mit der Lebensmitteltechnik hat die Stadt internationale Wirtschafts- und Architekturgeschichte geschrieben. Im beginnenden 20. Jahrhundert war sie die größte Industriemetropole auf dem europäischen Kontinent. Das verpflichtet uns zum verantwortungsvollen Umgang mit dem industriellen Erbe und zur kreativen Weiterentwicklung der wirtschaftlichen, städtebaulichen und architektonischen Tradition. Die Zeugnisse von einst sind kreatives Potenzial für morgen. Mit ihrem einzigartigen Charakter und ihrer Vielfalt bieten sie Raum für Neues und Ungewöhnliches wie auch für wirtschaftliche Nutzungen in ihrer traditionellen Bedeutung als Industriestandorte. Die Schauplätze der Industriekultur sind immer auch Standorte historischer Innovationen. Der Klimawandel erfordert erneut Innovationen, und auch hier können sich die Bauten der Industriekultur beweisen.

Bei der zukünftigen Entwicklung muss über Weiter-, Um- oder Nachnutzung an jedem Standort neu entschieden werden. Hierfür braucht es Fachleute, die den ideellen, architektonischen, kulturellen und ökologischen Wert einschätzen können, und ebenso „Kümmerer", die sich für den Erhalt im Stadtbild engagieren.

Die historischen Standorte bieten erhebliche Chancen auch für neue Funktionen, wobei deren Anforderungen innovativ mit dem Erhalt zu vereinbaren sind. Zur zukunftsfähigen Entwicklung der Standorte müssen alle Akteure der Stadt eng zusammenarbeiten. Industriekultur ist ein ressortübergreifendes Querschnittsthema. Die Wirtschafts-, die Kultur- und die Stadtentwicklungsverwaltung werden mit engagierten Fachleuten, Investorinnen und Investoren sowie kulturell interessierten Menschen in Netzwerken zusammengeführt, die über Berlin hinaus agieren und das Thema in einen europäischen Bedeutungsrahmen stellen.

Die oberste Denkmalschutzbehörde fördert seit mehreren Jahren das Berliner Zentrum Industriekultur (bzi). Neben der wissenschaftlichen Erforschung und Vermittlung der Industriekultur widmet sich das bzi auch strategisch den Weiter-, Um- oder Nachnutzungsmöglichkeiten und steht als Ansprechpartner zur Verfügung.

Die Industriekultur leistet damit nicht nur einen kulturellen Beitrag, sondern trägt zur Zukunftsfähigkeit der Stadt bei, indem sie wirtschaftliche Entwicklung evoziert. Die Beispiele der vorliegenden Broschüre zeigen das ganze Spektrum an Möglichkeiten. Sie mobilisieren zugleich, denn es gibt viele weitere Schauplätze, die wieder ins Blickfeld der Menschen wollen. Das Engagement lohnt sich, gerade jetzt!

Dr. Dagmar Tille
Leiterin der obersten Denkmalschutzbehörde/
UNESCO-Welterbe

BERLIN IST INDUSTRIEKULTUR

Industrielle Bauten und Anlagen prägen das Stadtbild Berlins in allen Bezirken und damit die Identität der Stadt ebenso wie die Alltagskultur in den Stadtteilen.
Die Wahrnehmung Berlins als Industriestadt wurde in den letzten Jahrzehnten noch von den Assoziationen als Kreativmetropole überlagert. Seit einiger Zeit wird Berlin wieder stärker als die gleichzeitig arbeitende und erfindende Stadt wahrgenommen, die sie seit Beginn ihrer Metropolenwerdung ist.
Als bedeutender Standort der Zweiten Industriellen Revolution um die Wende zum 20. Jahrhundert entwickelte sich Berlin binnen weniger Jahrzehnte zu einer der modernsten Industriemetropolen der Welt. Ihre wirtschaftliche, technische und architektonische Innovationskraft war international wegweisend. High-Tech-Produkte „Made in Berlin" eroberten den Weltmarkt. Auch die Versorgung der Stadt mit öffentlichen Infrastruktursystemen hatte weltweit eine Vorbildfunktion.
Die Veränderungen in der Region östlich und nördlich der alten Stadt Köpenick seit dem ausgehenden 19. Jahrhundert stehen beispielhaft für eine revolutionäre Umgestaltung und Entwicklung ehemals ländlicher Regionen in pulsierende und hochproduktive neue industrielle Kerngebiete. Schöneweide und auch andere Regionen erlebten ihren außerordentlichen Boom bezeichnenderweise zunächst weit außerhalb der Verwaltungsgrenzen von Berlin; erst 1920 wurden diese Gebiete als schon durchgebildete Produkte der Industrialisierung zu einem Teil von Groß-Berlin.
Die effiziente und angemessene Fortnutzung bestehender Produktionsstätten ebenso wie die kreative Um- und Nachnutzung aufgegebener Industrieareale sind wichtige Aufgaben der künftigen Entwicklung in Berlin. Unter dem Begriff „Industriekultur" entstand ein Querschnittsthema, das die drei Senatsverwaltungen für Stadtentwicklung, Wirtschaft und Kultur in einem gemeinsamen Anliegen zusammenführte. Mit eigenen strategischen Beiträgen ermöglicht Industriekultur eine neue Qualität der Auseinandersetzung und der Entwicklung des Bestands. Auch die Tourismuswirtschaft und einen innovativen Imagewandel der Stadt kann sie mit kreativen Ansätzen bereichern.

Wirtschaftsentwicklung ist vielseitig

Industrielle Bauten, Anlagen und Objekte legen Zeugnis ab von der Einzigartigkeit, mit der sich Unternehmen früher wie heute entwickeln, wie sie vor Ort und auf dem Weltmarkt agieren und überall ihre Spuren hinterlassen. Technische Innovationen entstehen nicht von allein, sondern sind immer eingebettet in ein bestimmtes kulturelles Umfeld. Das besondere Geflecht technischer und gesellschaftlicher Neuerungen der „Elektropolis Berlin" beispielsweise hatte entscheidenden Einfluss auf die Entwicklung hier wie in anderen Ländern der Welt. Eine Industriekultur, die wirtschaftliche Entwicklung auch als einen kulturellen Prozess begreift, nimmt Vergangenes und Zukünftiges gleichzeitig in den Blick. Sie reflektiert die aktuellen Trends einer regionalen Wirtschaftskultur ebenso wie ihre spezifischen Wurzeln und ihre Verflochtenheit mit der globalisierten Welt. Die Industriekulturregion Treptow-Köpenick steht für einen besonderen Aspekt globaler Wirtschaftsentwicklung: den vollständigen Zusammenbruch des sozialistischen Systems Ende der 1980er-Jahre mit allen seinen verheerenden Konsequenzen für Menschen und Betriebe und die oft vergeblichen Versuche, alte industrielle Kerngebiete zu revitalisieren.

Neues aus der Geschichte entwickeln

Entwicklung nachhaltig gestalten heißt: die kulturelle Kontinuität von Orten wahren und Zukunft im Bewusstsein von historischen Schichten planen. Eine Stadtentwicklung, die das industrielle Erbe Berlins ernst nimmt, geschieht im Spannungsfeld von Industriepolitik, Kreativwirtschaft und Regionalkultur und umfasst materielle wie immaterielle Aspekte. An aufgegebenen Industriearealen sollen vergangene Innovationen nachvollziehbar bleiben; zur Berliner Industriekultur gehört aber auch und gerade die

lebendige und die neu entstehende Industrie der Stadt. Die Nutzungskontinuität vieler industrieller Standorte in Berlin ist ein besonderer Wert; hier braucht es neue Konzepte für den Umgang mit dem industriellen Erbe.

Neugier und Faszination ...

Industriekultur hat Potenzial auch für die Kultur- und Tourismuswirtschaft. Mit neuen Interpretationen erweitert sie das klassische Angebot um ungewöhnliche Orte und neue Blickweisen: Der ständige Wandlungs- und Werdeprozess der Stadt wird zum Gegenstand, die Neugier auf „unbekannte Orte" und die Peripherie geweckt. Zweit- und Drittbesucher entdecken das Berlin jenseits von Siegessäule und Brandenburger Tor, setzen andere Prioritäten und verteilen sich neu. Die globale Verflechtung der Großstadt und ihrer zugewanderten Bewohner wird greifbar – und damit ist das Thema aktuell und gesellschaftlich relevant auch für junge Generationen, die das klassische Industriezeitalter in Europa nicht mehr selbst erlebt haben. Gerade Schöneweide mit seinen fast unübersehbaren Raumreserven aus der industriellen Substanz ist ein Musterbeispiel für eine Wiederentdeckung durch künstlerische Initiativen, Wissenschaft und neue Gewerbe, die in der Folge wiederum neue touristische Bewegungen forcieren, weil hier so viel Vergessenes und Werdendes zu entdecken ist.

Innovation als Basis

Im Gegensatz zu den Schauplätzen der Ersten Industriellen Revolution ist Berlin als industriell geprägte Großstadt-Landschaft kein Resultat von Abbau oder Aufbereitung natürlicher Rohstoffe, sondern wurde von einer wissensabhängigen Industrie und ihren innovativen und international gut vernetzten Akteursnetzwerken geformt. Mit einer Dynamik, wie sie sonst nur aus nordamerikanischen Städten bekannt war, entwickelte sich die junge deutsche Hauptstadt Ende des 19. Jahrhunderts innerhalb weniger Jahrzehnte zur zeitweise größten Industriemetropole auf dem europäischen Kontinent.

Die Vernetzte Stadt

Berlin war immer das Labor für neue großstädtische Infrastrukturen. Als „Elektropolis" wurde Berlin zum Synonym der modernen vernetzten Stadt, in der Technik und Kultur eng ineinanderwirkten. Auch die Verkehrs-, Wasserversorgungs- und Kommunikationsnetze waren maßstabsetzend. Hinter diesen harten Strukturen stehen eher unsichtbare, mentale Landschaften als Ergebnis technischer und gesellschaftlicher Innovation. Die Großstadt war Testfeld für die Einführung neuer Technologien und neuer Konsumgüter. Utopische Stadterzählungen wie Fritz Langs Film „Metropolis" reflektieren dies eindrucksvoll.

Die Erfindung des Stroms

Berlin war ein wichtiger Knotenpunkt der weltweiten Elektrifizierung, die maßgeblich von den Unternehmen AEG und Siemens vorangetrieben wurde. Der Elektromotor löste die Dampfkraft als wichtigste Energiequelle ab. Mit dem Strom wurde Kraft über weite Strecken effizient übertragbar. Die neuen elektrischen Systeme und Geräte veränderten den Alltag und die Wahrnehmung von Stadt. Die AEG-Stadt Schöneweide mit ihren Fabriken und Kraftwerken und den nach wie vor faszinierenden originären Architekturen galt lange weltweit als Musterregion einer elektrischen Moderne. Mit den erneuerbaren Energien wird der Strom gegenwärtig noch einmal „neu erfunden". Die „Elektropolis Berlin" hat das Potenzial, in der bevorstehenden Energiewende wieder Vorreiter zu werden: Think global, act local.

Die Stadt und die Welt

Berlins industrielle Entwicklung war immer verflochten mit globalen Dynamiken. Die Exportnation Deutschland ist ohne den Weltmarkt nicht denkbar. Die Akteursnetzwerke der „Elektropolis Berlin" waren Teil eines globalen Wirtschafts- und Finanzsystems. Die Stadt selbst galt zu Beginn des 20. Jahrhunderts als internationaler Prototyp für wirtschaftliches Wachstum und Erfolg. Gehandelt wurden nicht nur reine Technik, sondern auch Ideen und Methoden – ein ganzheitliches Projekt. Technologietransfer und Fachkräftemigration sind keine Einbahnstraßen; sie verlaufen immer in beide Richtungen. Erst aus einer globalen Perspektive heraus werden die industrielle Geschichte Berlins und seine aktuelle Entwicklung erklärbar und begreifbar.

Stadt am Wasser

Schon das vorindustrielle Berlin war „aus dem Kahn gebaut". Mit dem Aufschwung zur Industriemetropole wurden die vorhandenen Wasserstraßen neu genutzt, weitere ausgebaut. Die meisten Industrieareale Berlins liegen am Wasser; Rohstoffanlieferung, Entsorgung und Export brauchten den Zugang. Häfen, Kais, Schleusen und Kanäle bilden die Transmissionsriemen alter und neuer Industriekultur. Die zukünftige industrielle Entwicklung braucht den Fluss nicht mehr in diesem Maße. Vielerorts hat sich die Stadt daher öffentliche Räume und neue Nutzungen am Wasser erobert. Ufer sind keine Hindernisse mehr – sie eröffnen neue Wege. Die Industrialisierung im Raum Treptow-Köpenick ist nicht ohne die Funktion der Wasserwege, hier vor allem der Spree, zu verstehen. Kraftwerke und Fabriken entfalteten sich als vergleichsweise schmales Band an den Ufern, die zusammen mit den Schienenwegen, die das ganze Gebiet durchkreuzten, eine perfekte Logistik für Rohstoffe und Produkte ergaben.

© S. 5, 6, 7 links: bzi/Max Braun,
S. 7 rechts Andreas FranzXaver Süß

Vielfalt und Kontinuität

Die Berliner Industriekultur bietet ein vielschichtiges Nebeneinander von industrieller Originalnutzung, kreativer Umnutzung und teils auch Leerstand der Industrieanlagen. Jede Situation braucht eigene Konzepte für den Umgang mit dem industriellen Erbe. Einerseits müssen die Bedingungen für Fortbestand und Weiterentwicklung lebendiger Industrie geschaffen, andererseits innovative Wege der Um-, Zwischen- und Nachnutzung gefunden werden, ohne dabei wesentliche Spuren aufzugeben. An die Identität der Industriemetropole anzuknüpfen, um die kulturelle Kontinuität vor Ort zu wahren, ist Aufgabe einer nachhaltigen Stadtentwicklung und eines nachhaltigen Quartiersmanagements. Treptow-Köpenick weist aktuell unter allen Berliner Stadtbezirken offensichtlich das größte Potenzial für neue Nutzungsoptionen und die meisten Freiräume für niedrigschwellige Investitionen auf. Auch dies dokumentieren die Beispiele dieses Bandes.

Neue Fragen, neue Aufgaben

Zahlreiche aktuelle Beispiele zeigen: Event- und Kreativindustrie Einrichtungen von Wissenschaft und Forschung, aber auch tradierte und ganz neue Berliner Unternehmen suchen vermehrt nach kulturellen Bezugspunkten in der Stadt. Sie stellen neue Fragen an alte Gemäuer; Identität und Unterscheidbarkeit in einer globalisierten Welt spielen dabei ebenso eine Rolle wie Historical Marketing. Und mit neuen Fragen entstehen auch neue Aufgaben. Erste regionale Pilotstudien im Berliner Zentrum Industriekultur verknüpfen die Geschichte von Orten mit Vorschlägen für ihre angemessene künftige Gestaltung. Hier gehen industriearchäologische Grundlagenforschung und die Erarbeitung von Handlungsempfehlungen Hand in Hand; die Komplexität historischer Verläufe wird sichtbar, und eine neue Sinnhaftigkeit entsteht.

Berlin elektrisiert

Berlin zieht viele magisch an, die auf der Suche sind nach dem „anderen Ort". Die Brüche der Geschichte sind hier wie in kaum einer anderen Stadt spürbar. Leerstehende Industriegebäude bieten viel Raum für wenig Geld und sie öffnen Möglichkeitsräume für neue Interpretationen. Der Reiz des Unentdeckten inspiriert Raumpioniere zu kreativen Zwischennutzungen. Viele ehemalige Industrieorte werden mittlerweile auf Dauer von der Kultur-, Kreativ- und Eventwirtschaft genutzt. Herausragende Beispiele in Treptow-Köpenick sind Neukonzeptionen wie bei den Reinbeckhallen, die zum Ort überregional wahrgenommener Ausstellungen geworden sind, oder das Funkhaus an der Nalepastraße, mittlerweile ein einzigartiger Fokus von Musikproduktion und alternativem Tourismus. Der ungewöhnliche Geist dieser Orte fasziniert Besucher wie Bewohner der Stadt. Statt des Offensichtlichen nimmt „Urban Exploration" die geheimen Orte und Geschichten in den Blick.

Das Berliner Zentrum Industriekultur

Um alle diese Potenziale ins Bewusstsein zu rücken und zu formen, braucht es Information, Aufarbeitung und Vermittlung. Mit dem bzi, einem Gemeinschaftsprojekt der Hochschule für Technik und Wirtschaft Berlin und der Stiftung Deutsches Technikmuseum Berlin, hat Berlin ein Kompetenzzentrum, das mit seinem Engagement dazu beträgt, das städtebauliche, wirtschaftliche, touristische wie kulturelle Entwicklungspotenzial auszubauen. Gemeinsam mit den Berliner Verwaltungen sowie mit privaten und öffentlichen Initiativen erarbeitet es Konzepte und Strategien, vernetzt die Orte und die Akteure nach innen und außen, führt öffentliche Veranstaltungen durch und betreibt wissenschaftliche Grundlagenforschung. Es hat ein Tourismuskonzept mit ungewöhnlichen Ansätzen und nutzt die neuen Medien. Mit dieser neuen Publikation möchte das bzi eines der bedeutendsten Quartiere der Berliner Industriekultur anhand seiner herausragenden Objekte vorstellen und verstehbar machen. Dabei geht es nicht nur um die Aufarbeitung der Geschichten von Orten und Protagonisten, sondern auch um die Vermittlung von neuen Leitbildern und Ideen für Leben und Arbeiten in der Zukunft. Berlin ist lebendige Industriekultur.

Prof. Joseph Hoppe
bzi Leitung

Prof. Dr. Marion Steiner
Pontificia Universidad Católica de Valparaíso

COMER
Business Park

ELEKTROPOLIS AN DER SPREE

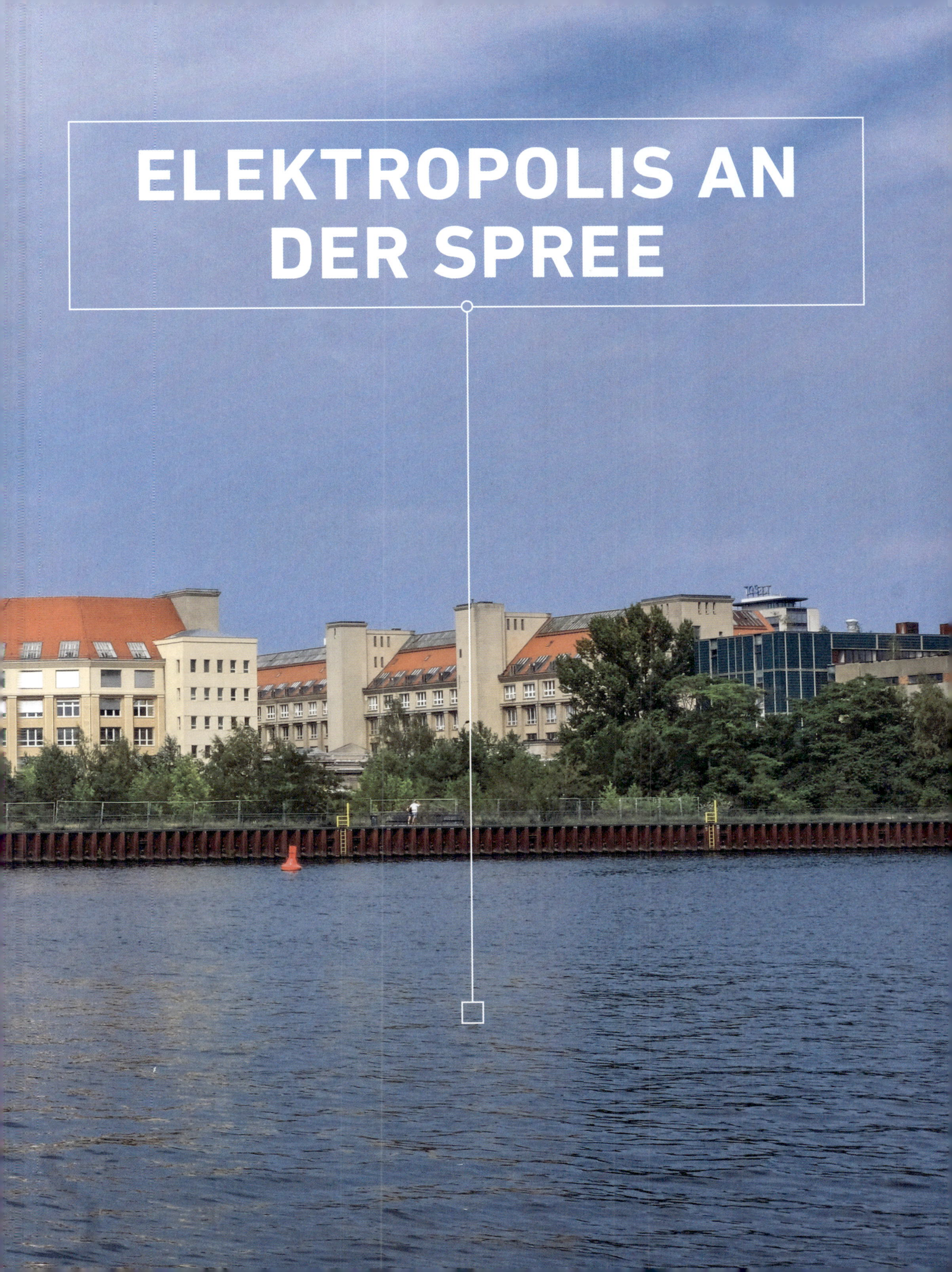

KABELWERK OBERSPREE (KWO) UND HOCHSCHULE FÜR TECHNIK UND WIRTSCHAFT BERLIN (HTW)

Als die Allgemeine Elektricitäts-Gesellschaft (AEG) 1896 mit dem Bau ihrer ersten Kabelfabrik in Schöneweide begann, musste sie sich gegen die etablierten Branchenführer Siemens und Felten & Guilleaume behaupten. Hundert Jahre später ist das Werk noch immer in Betrieb und macht, was es am besten kann: Es produziert Kabel und Wissen. Seit 2009 teilt sich das aktive Kabelwerk den historischen Standort mit dem neuen Campus Wilhelminenhof der Hochschule für Technik und Wirtschaft Berlin (HTW).

Wilhelminenhofstraße 75 A (HTW Berlin) und 76–77 (Kabelwerk), 12459 Berlin

Baujahr/Bauherren
ab 1896/AEG und deren Tochterfirmen
Architekten
Paul Tropp, Gottfried Klemm
Denkmalschutz
teilweise, Einzeldenkmal und Denkmalbereich
Eigentümer heute
Kabelwerk: privat, HTW: öffentlich
Nutzung heute
Hochschule, Produktion

↑ © Andreas FranzXaver Süß

Die 1883 von Emil Rathenau gegründete Deutsche Edison-Gesellschaft für angewandte Electricität entwickelte sich rasch. Erste Fabriken entstanden in den heutigen Ortsteilen Mitte und Gesundbrunnen. Mit der Umfirmierung zur Allgemeinen Elektricitäts-Gesellschaft (AEG) wuchs auch die Produktpalette. Durch die immer weiter fortschreitende Elektrifizierung boomte die Energiewirtschaft – der Platz für Erweiterungen der Industrieanlagen innerhalb Berlins war jedoch begrenzt. So begann die AEG 1896 mit den Arbeiten an ihrem ersten eigenen Kabelwerk in Schöneweide. Direkt neben ihrem im Bau befindlichen Kraftwerk (01) errichtete die AEG eine viergeschossige Drahtfabrik für Schwachstromkabel. 1897 begannen die Arbeiten an einer großflächigen Halle, in der schwere Starkstromkabel für die Erdverlegung hergestellt wurden. Bald kamen weitere Gebäude und Geschossbauten hinzu, in denen die AEG die vor- und nachgelagerten Fertigungsschritte bündelte: eine Gummifabrik für das Isolationsmaterial, Metallwerke mit Gießereien, Walz- und Stanzwerke für die Leitungen sowie Laboratorien. Dort wurde unter anderem 1916 vom polnischen Chemiker Jan Czochralski das nach ihm benannte „Czochralski-Verfahren" zur Herstellung von Einkristallen entdeckt.

Innovationsstandort mit Tradition

Um ihre Anlagen noch effizienter einsetzen und weitere Märkte bedienen zu können, erweiterte die AEG ihre Angebotsbreite. 1901 begann sie Automobile zu produzieren, für deren Herstellung die Metallwerke ebenso eingesetzt werden konnten wie die Gummiwerke, die neben Isola-

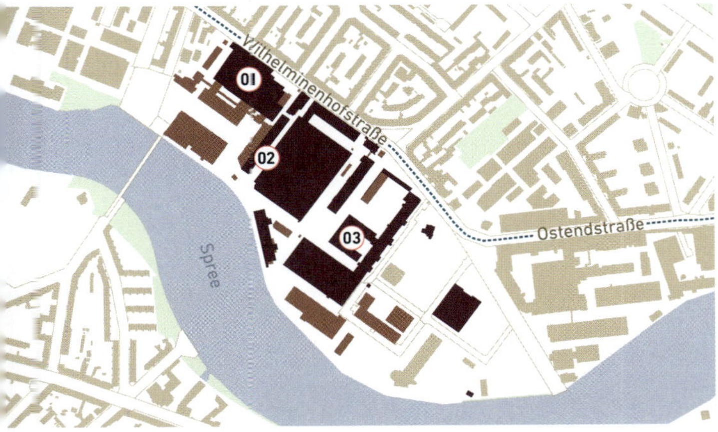

tionsmaterial nun auch Reifen herstellten. Bis zum Bau eines eigenen Werkskomplexes für die Nationale Automobil-Gesellschaft (NAG) 1916/17 waren die einzelnen Produktionslinien auf dem KWO-Gelände eng verwoben.

Marktführer

Durch eine effiziente Produktionspolitik gelang es der AEG, neben Siemens im Berliner Nordwesten und Felten & Guillaume in Köln einen festen Platz unter den drei größten Kabelfabriken in Deutschland zu behaupten. Auf diese Erfahrungen baute das 1952 in einen VEB umgewandelte Kabelwerk Oberspree auf, das als Stammbetrieb für die Kabelproduktion in der DDR mit einem hohen Anteil am Auslandsgeschäft eine herausgehobene Rolle spielte.
Als das Werk 1993 von der britischen BICC Cables Ltd. übernommen wurde, waren von den rund 5.000 Beschäftigten Ende der 1980er-Jahre nur noch rund 2.000 im Betrieb verblieben. Nach weiteren fünf Jahren hatte sich die Zahl auf ein Zehntel der Vorwendezeit reduziert. 1999 meldete BICC Insolvenz an.

Das Kabelwerk heute

Heutiger Eigentümer des in seiner Ausdehnung auf den Kern des früheren Betriebsgeländes reduzierten Kabelwerks (02) ist die deutsche Wilms Gruppe, die an mehreren Standorten der Welt Industriegüter produziert und sich damit erfolgreich auf dem Weltmarkt behauptet. Am Standort Schöneweide werden Erzeugnisse für die Kabelherstellung sowie Kunststoffgranulat produziert. Aus Sicherheitsgründen ist das Betriebsgelände nicht öffentlich zugänglich.

Die HTW Berlin

In dem sanierten Teil des KWO-Geländes eröffnete 2009 die zuvor auf fünf Standorte verteilte Hochschule für Technik und Wirtschaft Berlin (HTW) ihren neuen Campus Wilhelminenhof (03). Wo vor hundert Jahren Kabel hergestellt und Autos produziert wurden, lernen und forschen jetzt Studierende aus den Bereichen Technik, Informatik, Wirtschaft, Recht, Kultur und Gestaltung.
Die besondere Szenerie des neuen Campus weckte das Interesse der Hochschulangehörigen und inspirierte Initiativen wie die Gründung des Berliner Zentrums Industriekultur 2011 gemeinsam mit der Stiftung Deutsches Technikmuseum Berlin. Eine 60 Meter lange Fassaden-Ausstellung gibt einen Einblick in die Geschichte des traditionsreichen Geländes.
Die Ansiedlung der Hochschule, Kooperationen mit ortsansässigen Firmen sowie zahlreiche Ausgründungen haben eine Entwicklung zum Wissenschafts- und Kreativzentrum ausgelöst. Mit der Nähe zum Technologiepark Adlershof und dem neuen Flughafen BER entsteht hier der drittgrößte Zukunftsort der Hauptstadt.

Infos für Neugierige
Campus-Ausstellung
schoeneweyde.htw-berlin.de

Audiotour über den Campus Wilhelminenhof
htw-berlin.de/campus/campus-wilhelminenhof/audiotour

Jutekabelherstellung in der Starkstromkabelfabrik, 1898
© SDTB, Historisches Archiv
↓

Öffentliche Fassaden-Ausstellung zur Geschichte des Kabelwerks auf dem Campus Wilhelminenhof, 2021
© Andreas FranzXaver Süß
↓

RATHENAU-HALLEN

In den 1920er-Jahren entstand am Standort der Deutschen Niles-Werkzeugmaschinen-Fabrik die neue Transformatoren- und Ölschalterfabrik der AEG. Zusammen mit der Lampenfabrik Frister definiert sie an der Treskowbrücke den Ortseingang von Oberschöneweide und bildet mit ihrem markanten Giebel den Auftakt des großen Industriebandes entlang der Wilhelminenhofstraße. Bei Insidern gilt das weitläufige Gelände an der Spree schon längst nicht mehr als Geheimtipp. Die kleinteiligeren Gebäude sind an Raumpioniere, Künstler und Kreative für Zwischennutzungen vermietet. In Zukunft soll hier ein neues urbanes Zentrum für Wirtschaft, Wissenschaft und Kunst entstehen.

Wilhelminenhofstraße 83–85
12459 Berlin

Baujahr/Bauherren
ab 1898/Deutsche Niles-Werkzeugmaschinen-Fabrik; ab 1921 AEG
Architekten,
u. a. Paul Tropp, Jean Krämer, Paul Sellmann, Ernst Ziesel, Walter Klingenberg, Werner Issel
Denkmalschutz
Einzeldenkmal und Denkmalbereich
Eigentümer heute
BaseCamp
Geplante Nutzung
Büros, Gewerbe, Ateliers, urbanes Hostel- und Beherbergungsangebot

↑ © Andreas Muhs

Die Kathedralen von Schöneweide

1898 siedelte sich als zweites großes Werk an der Oberspree die Deutsche Niles-Werkzeugmaschinen-Fabrik an. Wenig später begann sie mit der Herstellung von Werkzeugmaschinen, Pressluftwerkzeugen sowie von hydraulischen Pressen und Maschinen. Niles verlagerte 1921 seine Produktion nach Berlin-Weißensee. Die Gebäude übernahm die AEG, die mit ihrem Transformatorenbau aus Berlin-Wedding an die Spree zog.
Zu den markantesten Bauten der Niles-Fabrik gehören das Verwaltungsgebäude (01) entlang der Wilhelminenhofstraße und der benachbarte Hallenkomplex, der heute als „Rathenau-Hallen" bekannt ist. Als erster Bauabschnitt entstanden hier nach Plänen von Paul Tropp die lang gestreckte Montagehalle und rechtwinklig dazu sieben Hallenschiffe (02). 1915/16 wurde die Haupthalle bis zur Edisonstraße vorgezogen (03). Auf diese architektonisch von Peter Behrens inspirierte Erweiterung folgte rund zehn Jahre später die Großtransformatorenhalle (04), die der Architekt Ernst Ziesel in Zusammenarbeit mit dem Ingenieur Gerhard Mensch entwickelte. Mit einer Spannweite von 35 Metern und einer Höhe von 22 Metern gehörte sie zu den größten Fabrikationshallen in Berlin.

Stadtbildprägend

Für die Produktionslinien ihres Transformatorenwerks Oberschöneweide (TRO) errichtete die AEG bis in die 1940er-Jahre hinein weitere Bauten. Im Stadtbild besonders prägend erscheinen die ehemalige Ölschalterfabrik (05) an der Spree und die Pfeilerfassade einer

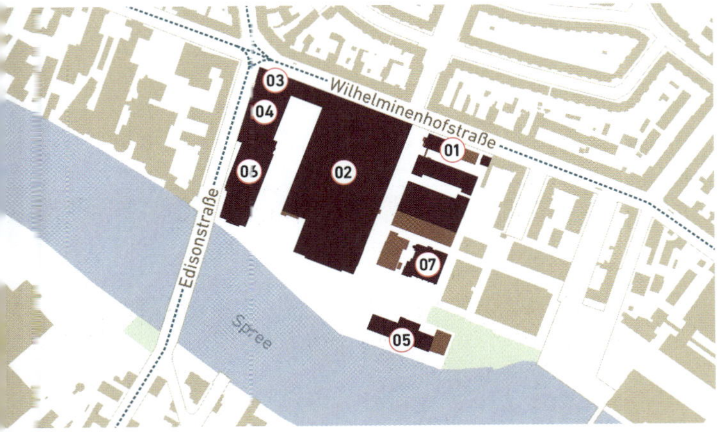

Blick in die Zukunft

2019 übernahm ein neuer Investor das Grundstück. Neben der denkmalgerechten Sanierung sollen auch Neubauten das historische Ensemble erweitern. Das Areal wird sich in den nächsten Jahren unter dem Projektentwickler BaseCamp zu einem urbanen Quartier mit Flächen für Kultur, Gewerbe, Büros und Coworking sowie für ein urbanes Hostel- und Beherbergungsangebot entwickeln. Ergänzt durch Gastronomie, Freizeitangebote, Marktplatz und Nahversorgung, soll ein neuer zentraler Treffpunkt im Kiez entstehen.

Werkstatt (06) entlang der Edisonstraße. Diese wurden 1941 zusammen mit einem Sozial- und Verwaltungsgebäude an die Großtransformatorenhalle angeschlossen. Zusammen mit der ehemaligen Lampenfabrik Frister markieren sie die Ortseinfahrt über die 1903/04 errichtete Treskowbrücke.

Das Betriebskraftwerk

Eine Besonderheit im Zentrum des weitläufigen Areals stellt das Kraft- und Heizwerk (07) dar. 1926 bis 1928 wurde es in expressionistischer Formensprache nach den Entwürfen von Walter Klingenberg und Werner Issel errichtet. Das Kraftwerk machte die Transformatorenfabrik von der öffentlichen Energieversorgung unabhängig und versorgte es bis zu seiner Stilllegung 1979 mit Energie. Das Transformatorenwerk – ab 1949 als VEB betrieben und 1951 mit dem Ehrennamen „Karl Liebknecht" versehen – lieferte mit rund 4.000 Beschäftigten einen Großteil der in der DDR produzierten Transformatoren, Hochspannungsschalter und Sicherungen.

Zwischen Leerstand und Kreativstandort

Zwei Jahre nach der Privatisierung übernahm die AEG 1992 als alte Eigentümerin das Transformatorenwerk und versuchte, die Produktion zu modernisieren und im eigenen Namen fortzuführen. 1996 wurde das Werk mit der Streichung der AEG aus dem Handelsregister geschlossen. 2007 übernahm die irische Toruro GmbH & Co. KG das Areal vom Insolvenzverwalter. Der als „Rathenau-Hallen" beworbene Komplex wurde, bedingt durch Größe und Zustand der Hallen, nur temporär vermietet. Unter anderem wurden dort international bekannte Modeschauen, Musikclips und Filmaufnahmen produziert. Aber auch zahlreiche Ateliers und Werkstätten sowie kleinere Gewerbe und Einzelhandel siedelten sich auf dem insgesamt 55.000 Quadratmeter großen Gelände an. Trotzdem stand im Jahr 2020 rund die Hälfte der historischen Anlage leer.

Infos für Neugierige
Rathenau-Hallen
rathenau-hallen.de

Geschichte
Industriesalon Schöneweide
industriesalon.de

↑ Die komplexen Konstruktionen im Dach der „Rathenau-Hallen" © Andreas Muhs

↑ Das Betriebskraftwerk ist eines der wichtigsten Berliner Bauwerke der Architektengemeinschaft Klingenberg & Issel. © SDTB, Historisches Archiv

KRAFTWERK OBERSPREE

Mit dem Bau des Drehstromkraftwerks 1895 bis 1897 wurde in Oberschöneweide ein energiepolitischer Grundstein für die industrielle Ansiedlung gelegt. Das Werk (01) galt als technisches Novum und machte den Ort an der Oberspree über die Grenzen Deutschlands hinaus bekannt. Ingenieure und Stadtplaner aus dem In- und Ausland besuchten die Anlage zu Studienzwecken. Auch die benachbarte Transformatorenstation (02) und das später errichtete Umspannwerk (03) waren mit ihren Neuerungen Wahrzeichen der sich rasant entwickelnden Elektrotechnik. Seit 1995 sorgt ein kleiner Neubau (04) für den sicheren Betrieb. In den nächsten Jahren sollen hier unter anderem ein Zentrum für Kunst und Kultur sowie Ateliers entstehen.

Wilhelminenhofstraße 76–78
12459 Berlin

Baujahr/Bauherren
1892–1905/AEG/BEW und Bewag
Architekten
Paul Tropp, Hans Heinrich Müller
Denkmalschutz
Einzeldenkmal und Denkmalbereich
Eigentümer heute
Kraftwerk: Wilms Gruppe
Umspannwerk: Vattenfall
Nutzung heute
überwiegend Leerstand, Ateliers

↑

Revolution der Elektrizitätsversorgung

Im Sommer 1891 wurde auf der Elektrotechnischen Ausstellung in Frankfurt am Main anstatt des bis dahin gebräuchlichen Gleichstroms erstmals Drehstrom aus einem 175 km entfernten Wasserkraftwerk in Lauffen geliefert. Diese technische Neuerung bedeutete eine Revolution in der öffentlichen Elektrizitätsversorgung. Kraftwerke mussten nun nicht mehr unmittelbar dort errichtet werden, wo der Strom benötigt wurde. Sie konnten jetzt ohne größere Leitungsverluste über weite Strecken hinweg in die Städte und die umliegenden Dörfer liefern. Die AEG, die zusammen mit Oskar von Miller und der Schweizer Maschinenfabrik Oerlikon die neue Technik in Frankfurt vorgestellt hatte, erhielt 1895 in Oberschöneweide ein kostenfreies Grundstück. Von dort aus sollte sie die Stromversorgung der Stadt unterstützen und die Ansiedlung neuer Industrien an der Oberspree fördern. Erster Großabnehmer war das benachbarte Kabelwerk der AEG, das mit seiner energieintensiven Produktion besonders von dem neuen Angebot profitierte.

Das Kraftwerk

Die 1897 in Betrieb genommene Anlage gilt als eines der ältesten Drehstromkraftwerke zur öffentlichen Elektrizitätsversorgung der Welt und ist bis heute weitgehend erhalten. Die rasant wachsende Stromnachfrage führte schon früh zu einem Ausbau des Werkes. Die neuen Maschinenhallen wurden quer an das mit dem Giebel zur Wilhelminenhofstraße stehende Maschinen-

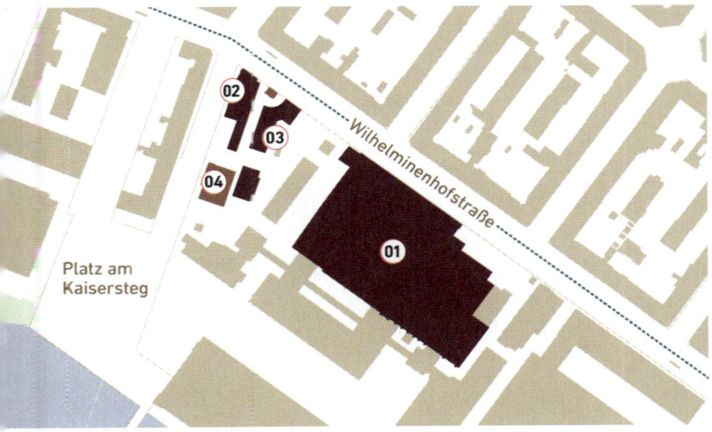

haus des ersten Bauabschnitts angeschlossen. Die großen, ineinander übergehendenden Hallen zählen neben dem nicht mehr erhaltenen Kraftwerk Deptford von Sebastian Ziani de Ferranti zu den architektonisch herausragenden Kraftwerksbauten.

Die Transformatorenstation

Zusammen mit dem neuen Kraftwerk und seinen Leitungen in die Vororte und das Berliner Stadtzentrum wurden erstmals Umspann- und Umformwerke konzipiert, die in den angeschlossenen Versorgungsgebieten den Drehstrom umwandeln konnten. 1912/13 wurde für die Ausweitung der Vorortversorgung auf dem Nachbargrundstück an der Kreuzung von Wilhelminenhof- und Lauffener Straße eine Transformatorenstation gebaut. Der schmale dreigeschossige Bau war damit der Ausgangspunkt einer Serie von Stromverteilungsbauten, die gleichzeitig in den Gemeinden rund um Berlin entstanden. Diese wandelten den Strom aus Oberschöneweide vor Ort in die benötigte Spannung und Stromart um.

Das Umspannwerk

Mit der Entscheidung, den Kraftwerksbetrieb an der Oberspree einzustellen, wurde 1933 der Bau eines eigenen Umspannwerks für Oberschöneweide nötig. Neben der zwanzig Jahre zuvor errichteten Transformatorenstation entstand ein Gebäudeensemble mit einer Halle und einem Schalthaus an der Straße. Die zur Entstehungszeit hochmoderne Anlage wurde zusammen mit einem neuen Werk in Rummelsburg erstmals mit ölfreier Schalttechnik ausgerüstet. Zudem kam sie mit der Hälfte des Gebäudevolumens der zuvor üblichen Umspannwerke aus.

Akteure und Visionen

Die Gebäude gehören heute zum Gelände der Kabelwerke und damit der deutschen Wilms Gruppe. Das Umspannwerk von 1933 erhielt Mitte 2013 nach 20 Jahren Leerstand mit der renommierten Skulpturengießerei Knaak einen neuen Nutzer. Das Kraftwerk stand lange Zeit weitgehend leer, unter anderem fanden dort Veranstaltungen wie das Europa-Konzert der Berliner Philharmoniker im Jahr 2007 statt.
In der Turbinen- sowie der Maschinenhalle soll nun unter der Leitung des Künstlers und Filmemachers Ralf Schmerberg und seines Teams ein kultureller „Zufluchtsort mitten in der Stadt" entstehen. Ein Haus mit vielfältigem Programm, darunter Ausstellungen und Konzerte, aber auch ein Ort der Innovation und des Austauschs. Im Frühjahr 2022 soll die „MaHalla" eröffnen. Dafür wurde unter anderem bereits die Innenfassade in enger Zusammenarbeit mit Restauratoren und dem Landesdenkmalamt im Rahmen des Kultursponsorings der Firma Kärcher instand gesetzt. Die Mission der MaHalla ist es, ein internationales Kulturzentrum für partizipativ erfahrbare Gemeinschaftssituationen zu werden.

Infos für Neugierige
Projekt MaHalla
mahalla.berlin

Führungen zur „Elektropolis"
industriesalon.de

Informationen zur Technik der Stromversorgung
energie-museum.de

Die geschwungene Fassade des Schalthauses von 1933 © Thorsten Dame

Das Bildprogramm der Fassade thematisiert die neue Drehstromtechnik mit den oberirdischen Leitungen. © Bezirksamt Treptow-Köpenick, Foto: Gerhard Zwickert

Die frühere Maschinenhalle des Kraftwerks © Andreas Muhs

↑ © Andreas FranzXaver Süß

BAE BATTERIEN GMBH

Zusammen mit den Kabelwerken auf der gegenüberliegenden Seite der Wilhelminenhofstraße gehört die BAE Batterien GmbH zu den letzten Traditionsbetrieben in Oberschöneweide. Seit mehr als 100 Jahren werden hier Akkumulatoren und Batterien hergestellt, deren Kraft die Produkte des großen Industriequartiers an der Oberspree mit Leben erfüllt. Wie zur Gründungszeit wird auch heute bei der Konzeption von Energiespeichern auf Innovationen und den Weltmarkt gesetzt. Damit wird ein Erbe erhalten, das sich nach wie vor im historischen Gebäudebestand spiegelt.

Wilhelminenhofstraße 69–70
12459 Berlin

Baujahr/Bauherren
um 1899/Gesellschaft für elektrische Unternehmungen
Architekten
Emil Schütze, Felix Lindhorst, Jean Krämer, A. Winkler
Denkmalschutz
teilweise, Einzeldenkmal und Denkmalbereich
Eigentümer heute
BAE Batterien GmbH
Nutzung heute
aktive Produktion

Energiespeicher für den Weltmarkt

Zwischen der Slabystraße im Norden und der Wilhelminenhofstraße im Süden begann die Gesellschaft für elektrische Unternehmungen um 1899 mit dem Bau der Akkumulatoren-Werke Oberspree AG. Die von der Ludwig Loewe & Co. zusammen mit der AEG und mehreren Banken gegründete Beteiligungsgesellschaft senkte das unternehmerische Risiko beim Einstieg in die damals noch junge Elektroindustrie. Das Werk in der Wilhelminenhofstraße wurde 1905 von der Akkumulatorenfabrik AG (AFA) übernommen, die über ihr Stammwerk in Hagen mit der AEG und Siemens verbunden war.

Elektrisierender Aufstieg

Gestärkt durch die Marktmacht der großen Elektrokonzerne, entwickelte sich die AFA in den Folgejahren zu einem der führenden Anbieter von Energiespeichern in Europa mit zahlreichen Auslandsniederlassungen. Das Werk in Hagen war auf die Fertigung großer Akkumulatoren spezialisiert, die meist als Sonderanfertigungen nach Kundenwünschen ausgeführt wurden. In Schöneweide wurde die Massenfabrikation von transportablen Kleinakkumulatoren angesiedelt, die ab 1904 unter dem Markennamen VARTA vertrieben wurden.
Bereits nach zwei Jahren wurde das Nachbargrundstück an der Wilhelminenhofstraße von der AFA übernommen, die Fabrik erweitert und mit eigenem Bahnanschluss und einer Anlegestelle an der Spree ausgestattet.

1913 präsentierte sich die AFA neben der Electric Storage Battery Co. aus Philadelphia als führender Akkumulatoren-Hersteller der Welt. Der Erfolg wurde in zwei repräsentativen Bauten am Berliner Standort zum Ausdruck gebracht: an der Einmündung der Ostendstraße entstand eine Direktions- und Verwaltungsvilla (01); im Westen wurde neben das bereits 1906 errichtete Wohnhaus für die Angestellten (02) ein großes Wohlfahrtsgebäude (03) für die gesamte Belegschaft gesetzt.

Erfolg trotz Umbruch

Den Geschäftseinbruch nach dem Krieg glich AFA durch die Übernahme neuer Produktionstechniken aus den USA und die Fusion mit dem Unternehmen Pertrix aus. Fast gleichzeitig entstanden in den 1920er-Jahren am Südufer der Spree das neue Pertrix-Werk für Trockenbatterien und entlang der Ostendstraße die große Produktionshalle (04) mit einer neuartigen Fließbandfertigung nach einem Entwurf von Jean Krämer.
1945 folgte die Enteignung der AFA und das Werk wurde in die Akkumulatorenfabrik Oberschöneweide (AFO) umgewandelt. 1958 wurde die AFO mit der Berliner Elemente-Fabrik (BELFA) zur Berliner Akkumulatoren- und Elemente-Fabrik (BAE) zusammengeführt.

Die Produktion fokussierte sich auf ein breites Spektrum an Batterien für verschiedene Anwendungen, vor allem für den Schienenverkehr. Ende der 1980er-Jahre hatte sich die BAE zu einem der führenden Lieferanten für Schienenfahrzeug-Batterien in die sozialistischen Staaten entwickelt.
In der Umbruchzeit nach 1989 konnte sich das Unternehmen behaupten und wurde 1993 wieder privatisiert. Es folgten umfangreiche Investitionen zur Modernisierung und Optimierung der Produktionsanlagen. Während das Pertrix-Werk Ende der 1990er-Jahre stillgelegt wurde, gehört das Werk in Oberschöneweide zusammen mit der Kabelfabrik zu den letzten Traditionsbetrieben der Elektroindustrie an der Oberspree.

Aktivitäten und Visionen

Die heutige BAE Batterien GmbH, ein mittelständisches Unternehmen mit 180 Beschäftigten, produziert Großbatterien für stationäre Anlagen wie Datenzentren, für die Notstromversorgung in Krankenhäusern und Telekommunikationseinrichtungen sowie für Schienen- und Flurförderfahrzeuge. Mit Blick auf die Herausforderungen der Energiewende erweiterte der Betrieb sein Produktprogramm um Batterien für den Bereich der erneuerbaren Energien. Dazu gab es eine Forschungskooperation mit der HTW Berlin.
Die BAE Batterien GmbH wirbt mit der eigenen Geschichte, ist im Stadtteil aktiv und Mitglied im Unternehmerkreis Schöneweide. Auch an verschiedenen Veranstaltungen zur Stärkung des Standorts, wie der „Langen Nacht der Industrie" oder dem Straßenfest „Boxenstopp" im Jahr 2017, beteiligt sich das Traditionsunternehmen.

Infos für Neugierige
BAE
bae-berlin.de
Geschichte des Areals Industriesalon Schöneweide industriesalon.de

Die Einbauwerkstatt mit Wandertischen, um 1926 © 50 Jahre AFA, Jubiläumsschrift, Berlin 1938, S. 181

Endfertigung in der großen Produktionshalle heute © Andreas Muhs

Direktions- und Verwaltungsvilla auf dem Firmengelände © BAE Batterien GmbH

PETER-BEHRENS-BAU

Trotz der beeindruckenden Architekturen der Umgebung dominiert der Behrens-Bau das Industrieband an der Spree. Beeindruckend ist auch das Spektrum der Nutzungen: Der Automobilproduktion folgten Telefunken und das DDR-Werk für Fernsehelektronik. Heute bieten das eindrucksvolle Werksgebäude von Peter Behrens und das große Areal zwischen Ostendstraße und Spree Potenzial für neue Ideen. Mit dem „Behrens-Ufer" soll auf dem historischen Gelände ein neuer Zukunftsstandort entstehen.

Ostendstraße 1, 12459 Berlin

Baujahr/Bauherren
1916–1917/AEG-Tochter NAG
Architekt
Peter Behrens
Denkmalschutz
Einzeldenkmal und Denkmalbereich
Eigentümer heute
DIE Deutsche Immobilien Entwicklungs AG (DIEAG)
Nutzung heute
Gewerbe, Produktion, Hochschule

↑

Das „Rathaus" des Industriequartiers

Als Abschluss des Fabrikbandes wirkungsvoll in die Sichtachse der Wilhelminenhofstraße gerückt, erscheint der Peter-Behrens-Bau mit dem hohen Turm, dem markanten Giebel und der repräsentativen Pfeilerfassade wie das „Rathaus" von Oberschöneweide. Grund für die Planung und die Ausführung des großen Gebäudekomplexes während des Krieges war die starke Nachfrage des Heeres nach Fahrzeugen. Diesem Auftragsvolumen war die Automobilproduktion der AEG als Nebenbetrieb zum Kabelwerk nicht mehr gewachsen – sie wurde eigenständig.

Die AEG baut Autos

Mit dem Umzug in das neue Fabrikgebäude wurde die 1901 als Neue Automobil-Gesellschaft (NAG) gegründete AEG-Tochter bei gleichbleibender Abkürzung in die patriotisch klingende Nationale Automobil-Gesellschaft umfirmiert. Die dreiflügelige Geschossfabrik mit den zwei Hallen im Hof und dem markanten Wasserturm gestaltete Behrens. Gleichzeitig arbeitete er an den neuen AEG-Fabriken in Hennigsdorf und an der monumentalen Verwaltung des Unternehmens am Humboldthain in Berlin. Neben eher zweckmäßigen Produktionsanlagen stehen repräsentative Bauelemente wie der beeindruckende Lichthof, eingefasst von viergeschossigen Arkadengängen. Unter anderem wurden hier Szenen der Serie „Babylon Berlin" gedreht.
Für den Einstieg in den Automobilbau hatte sich die AEG um 1899 zu Beginn der Elektrokrise entschieden, um neue Märkte zu sichern und ihre Metall- und Gummifa-

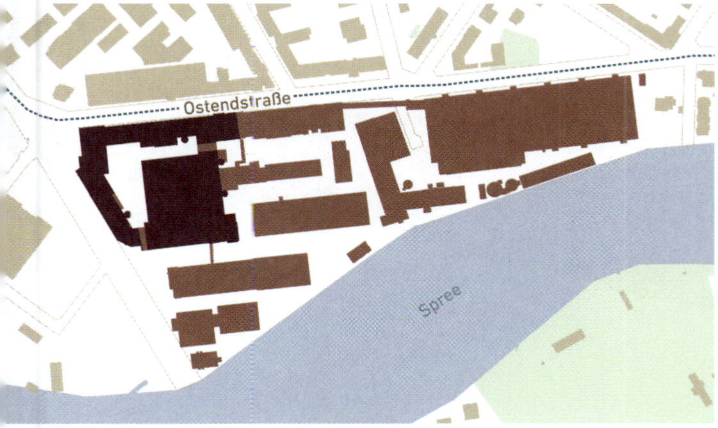

briken in Schöneweide auszulasten. Zudem waren Siemens und die Schuckertwerke beim Bau von elektrisch betriebenen Bussen und Automobilen in Führung gegangen und die AEG wollte hier aufholen. Bis in die Mitte der 1920er-Jahre florierte das Geschäft der NAG. Bei Rennen überzeugte sie mit ihren sportlichen Autos. Die Nutzfahrzeugsparte glänzte mit neuartigen Lastzügen und Bussen. Sie fusionierte mit dem Protos-Automobilwerk von Siemens und vereinigte ihre Produktion wenig später mit Presto, Dux und Büssing. Dieser Konzentrationsprozess brachte der nun selbst angeschlagenen NAG jedoch nicht den erhofften Erfolg.

Funk und Fernsehen

1934 gab die AEG den Fahrzeugbau auf und richtete am NAG-Standort die Produktion von Telefunken-Sendeanlagen, Rundfunkröhren und Fernsehempfängern ein. Als Zentrum für die Entwicklung und Produktion von Rundfunk-, Fernseh- und Fernmeldetechnik behielt Oberschöneweide bis in die 1990er-Jahre hinein eine herausgehobene Bedeutung. Nach 1945 unter sowjetischer Kontrolle, seit 1952 ein VEB, lieferte das weiter ausgebaute Werk unter anderem die Bildröhren für Fernsehgerätewerke im Ostblock. 1993 übernahm Samsung das Werk für Fernsehelektronik (WF) mit über 9.000 Beschäftigten und führte bis 2005 mit rund 800 Beschäftigten die Arbeit fort.

Akteure und Visionen

2009 verkaufte Samsung das gesamte Areal an die britische Comer Group. Der denkmalgeschützte Peter-Behrens-Bau war zwischenzeitlich vermietet, unter anderem an HTW-Studiengänge und an klein- und mittelständische Unternehmen. Das sanierungsbedürftige Areal hinter dem Peter-Behrens-Bau beherbergte vielfältige Nutzungen, vom Transportunternehmen bis zur Bootsmanufaktur. Die neueren Gebäude aus der Zeit des WF wurden teilweise von Kleingewerbe genutzt, zu großen Teilen stehen sie jedoch bis heute leer.
Der historische Industriegürtel Oberspree soll auch künftig als Gewerbefläche entwickelt werden. Im Mai 2019 übernahm die DIE Deutsche Immobilien Entwicklungs AG (DIEAG) das Gelände und hat große Pläne. Mit einer Gesamtinvestition von über 1,1 Milliarden Euro soll das „Behrens-Ufer" als Zukunftsstandort für Wirtschaft und Wissenschaft entstehen. Dafür sollen die denkmalgeschützten Gebäude wie der Peter-Behrens-Bau mit seinem ikonischen Turm bewahrt bleiben. Auf dem restlichen Gelände entstehen Neubauten für Gewerbe, Hochschule sowie soziale und kulturelle Nutzungen. Die Abstimmungen mit dem Bezirk Treptow-Köpenick zum städtebaulichen Konzept sind abgeschlossen, noch 2021 soll mit dem Bau begonnen werden.

Infos für Neugierige
Besucherzentrum und Führungen: Industriesalon Schöneweide
industriesalon.de

Projekt Behrens-Ufer
behrensufer.berlin

NAG-Autos: Deutsches Technikmuseum, Abt. Straßenverkehr
technikmuseum.berlin

Der „Klingenberg-Wagen" (um 1900): Sein Entwickler Georg Klingenberg war der Bruder des bekannten Architekten Walter Klingenberg. © SDTB, Foto: Volker Kreidler

Glasbläserin beim Beglasen von Zündspitzen für Senderöhren im VEB Fernsehelektronik, 1970 © Bundesarchiv, Foto: Eva Brüggmann

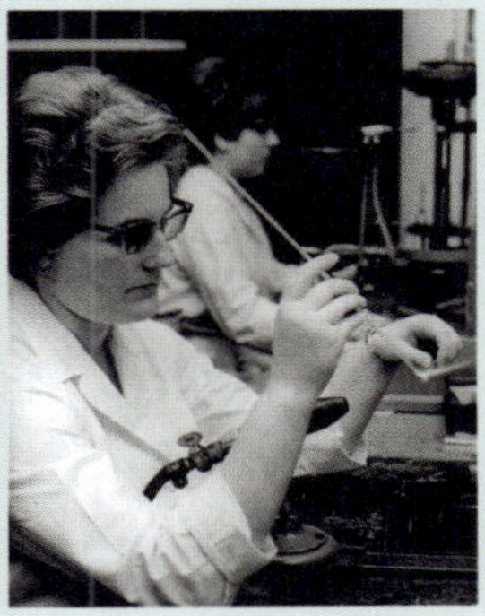

Die dreiflügelige Geschossfabrik der NAG mit dem markanten Wasserturm von Peter Behrens © Andreas Muhs

KRAFTWERK KLINGENBERG

Das Kraftwerk Klingenberg wurde 1925 bis 1927 als modernstes und leistungsfähigstes Steinkohlekraftwerk in Europa errichtet. Als letztes Werk des bekannten Kraftwerksplaners Georg Klingenberg trägt es den Namen des Ingenieurs, der für die AEG weltweit Kraftwerke baute. Sein Bruder Walter übernahm mit Werner Issel den architektonischen Teil der Aufträge. Am Ende seines Berufslebens konnte Issel rund 3.000 Entwurfsprojekte im In- und Ausland nachweisen, die von der Industrie in Auftrag gegeben worden waren. Das seit 1927 kontinuierlich arbeitende Kraftwerk an der Rummelsburger Bucht gilt als Hauptwerk der beiden Architekten.

Köpenicker Chaussee 42–45
10317 Berlin

Baujahr/Bauherr
1925–27/Bewag
Architekten
Walter Klingenberg, Werner Issel
Denkmalschutz
Einzeldenkmal und Denkmalbereich
Eigentümer heute
Vattenfall Wärme Berlin AG
Nutzung heute
Heizkraftwerk

↑

© Andreas Muhs

Großkraftwerk für Berlin

Das Kraftwerk Klingenberg gehörte mit dem wenig später errichteten Kraftwerk West in Spandau zum groß angelegten Elektrifizierungsprogramm der 1920er-Jahre. 1923 nach der Wirtschaftskrise und der Inflation als kommunale Aktiengesellschaft gegründet, sollte die Berliner Elektrizitätswerke AG, kurz Bewag, die Stromversorgung und Stromverteilung reorganisieren und ausbauen, um die Stadt weitgehend unabhängig von der Fernstromversorgung zu machen.
Die Versorgungsbetriebe im Berliner Stadtgebiet und im Umland wurden zusammengeführt, das Netz ausgeweitet und neue Stromverteilungsbauten errichtet. Als gewichtige Argumente für den Bau der beiden neuen Großkraftwerke galten die Förderung der Berliner Industrie mit ausreichend günstiger Energie und die erwarteten Einnahmen der Stadt aus dem Stromverkauf. Um Gelder für ihr Elektrifizierungsprogramm zu erhalten, bemühte sich die Stadt Mitte der 1920er-Jahre um Auslandskredite, vor allem aus den USA.

Technisches Meisterwerk

Mit den Planungen wurde 1925 die Bauabteilung der AEG beauftragt. Das technische Layout der Anlage fiel in das Aufgabenfeld von Georg Klingenberg, der für das Berliner Werk die von ihm entwickelte kammförmige Anordnung von Maschinenhaus und Kesselhäusern vorgab. Mit einer Leistung von 270.000 kW, drei großen Turbinensätzen, einer den Kesseln zugeordneten Vorwärmanlage und der neuartigen Steinkohlestaubfeuerung mit zugehöri-

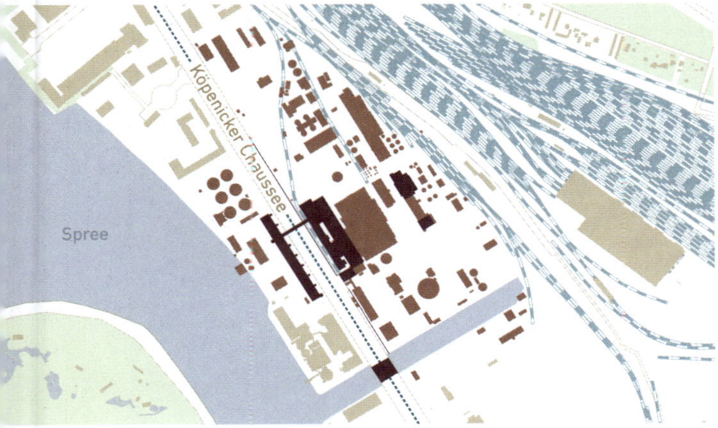

ger Kohlenaufbereitung nahm das Großkraftwerk in der Rummelsburger Bucht eine herausgehobene Stellung im europäischen Kraftwerksbau ein.

Eindrucksvolle Architektur

Das Erscheinungsbild des Kraftwerks prägt das 40 Meter hohe Verwaltungs- und Wohlfahrtsgebäude zusammen mit dem Maschinenhaus, die mit repräsentativen Pfeilerfassaden ausgeführt wurden. Durch das lange Maschinenhaus und ein parallel dazu angeordnetes Schalthaus wird der Straßenraum wirkungsvoll eingefasst, der zudem mit einer zwischen die beiden Bauten gesetzten Kabelbrücke überspannt wird. Während die Bauten entlang der Straße in ihrer ursprünglichen Form weitgehend erhalten sind, wurden die Kesselhäuser und die Kohleaufbereitung auf dem rückwärtigen Teil des Grundstücks zu großen Teilen umgebaut.

Moderne Technik als Attraktion

Zum Zeitpunkt seiner Fertigstellung im Jahr 1927 galt das Kraftwerk als das modernste und leistungsfähigste Steinkohlekraftwerk in Europa. Auf der Weltausstellung in Barcelona 1929 wurde es im Pavillon der deutschen Elektrizitätswirtschaft gezeigt. In Berlin inszenierte die Stadt- und Tourismuswerbung das Werk als Zeugnis von Modernität und Wirtschaftskraft der jungen „Weltstadt". Bis in die 1930er-Jahre wurden mehrmals am Tag Einwohner und Besucher aus dem Stadtzentrum an die Rummelsburger Bucht gefahren. Im Vortragsraum des Hochhauses und bei Führungen durch die Maschinenhalle erhielten sie einen Einblick in die eindrucksvollen Anlagen. Populär wurde das Kraftwerk zudem als Lieferant warmen Wassers für das nahegelegene Flussbad.

Mit der Zeit gehen

Als Rückgrat der Strom- und Wärmeversorgung im Ostteil der Stadt wurde das Kraftwerk nach 1945 weiter ausgebaut. Ab 1961 erfolgte die Anpassung an neue Standards in der Energieerzeugung. Dabei traten anstelle der kleineren Abzüge auf den Kesselhausdächern die 140 Meter hohen Schornsteine, die bis heute die Kraftwerkssilhouette prägen. In den 1970/80er-Jahren wurden die alten Kesselhäuser durch großvolumige Neubauten ersetzt und die Kohlenmahlanlage sowie das Maschinenhaus umgebaut. Im Mai 2017 wurde die Braunkohleverfeuerung beendet. Der alleinige Energieträger im Kraftwerk ist jetzt Erdgas, das mit rund der Hälfte des CO_2-Ausstoßes von Braunkohle das Klima deutlich schont. Um das Ziel einer klimaneutralen Stadt bis 2050 zu erreichen, soll am Standort Klingenberg der Brennstoff Gas ab 2026 teilweise durch einen Mix aus fossilfreien Energieträgern ersetzt werden. Innerhalb einer Generation soll die Erzeugung komplett ohne fossile Brennstoffe erfolgen. Damit leistet das Kraftwerk Klingenberg perspektivisch einen signifikanten Beitrag zu mehr klimaschonender Wärme innerhalb des Berliner Gesamtsystems.

Infos für Neugierige
Buchtipp
Dame, Thorsten: Elektropolis Berlin. Die Energie der Großstadt, Berlin 2011

Aktuelle Informationen und Führungen
powerplants.vattenfall.com/de/klingenberg

Schaltzentrale des Kraftwerks Klingenberg, 1925 © SDTB, Historisches Archiv

Fassadendetails des Kraftwerks © Andreas FranzXaver Süß

© Andreas Muhs

SIEDLUNG OBERSCHÖNEWEIDE

Mit der Industrie kamen die Menschen. Kaum eine Wohnsiedlung in Berlin bezieht sich so unmittelbar auf die angrenzenden Fabriken wie hier in Oberschöneweide. Zwischen dem Industrieband entlang der Spree und der Wuhlheide entstand auf der ehemaligen „Schönen Weyde" seit Mitte der 1890er-Jahre eine groß angelegte Siedlung, die sich zusammen mit der Industrie bis in die 1980er-Jahre hinein weiter entwickelt hat. Mit dem Abbau der Arbeitsplätze an der Oberspree stand auch die Zukunft des Wohnquartiers infrage. Heute ist die geschichtsreiche Siedlung zu großen Teilen vorbildlich saniert und wieder gefragt: bei jungen Familien und Hochschulangehörigen.

Zeppelinstraße, An der Wuhlheide, Fontanestraße, Roedernstraße, 12459 Berlin

Baujahr/Bauherren
ab 1890er-Jahre /u.a. AEG, Gemeinnützige Bauaktiengesellschaft Oberschöneweide (Gebag)
Architekten
u. a. Max Stutterheim, M. W. Baars, Peter Behrens, J. Th. Hamacher, Jean Krämer
Denkmalschutz
teilweise, Einzeldenkmal und Denkmalbereich
Eigentümer heute
unterschiedlich
Nutzung heute
Wohnen, Gemeinde, Schule

Wohnen und arbeiten im Grünen

Als Oberschöneweide 1898 als selbstständige Landgemeinde anerkannt wurde, befand sich die Region am nördlichen Spreeufer im Aufschwung. Keine zehn Jahre zuvor hatte die von Carl Deul geleitete Grundrentengesellschaft mit der Erschließung begonnen und damit ideale Bedingungen für die Randwanderung der Berliner Industrie geschaffen. Mit den neuen Fabriken erhöhte sich auch die Zahl der Menschen, für die zwischen dem Industrieband an der Spree und der im Norden angrenzenden Wuhlheide ein Wohngebiet ausgewiesen wurde. Von nur 159 Einwohnern im Jahr 1890 erhöhte sich ihre Zahl innerhalb von zehn Jahren um mehr als das 30-Fache und stieg bis in die 1930er-Jahre hinein stetig an. Einen Eindruck von den Anfängen der Besiedlung vermittelt die bescheidene Villa (05) in der Edisonstraße 15, die sich Carl Deul 1893 als Wohnsitz und Geschäftsadresse errichten ließ. Das zweigeschossige Gebäude gilt als das älteste erhaltene Wohnhaus in Oberschöneweide.

Gemeinschaftseinrichtungen

Um den von Bauunternehmern, Terraingesellschaften und vor Ort ansässigen Unternehmen vorangetriebenen Wohnungsbau in geordnete Bahnen zu lenken, wurde 1902 ein Bebauungsplan aufgestellt. Im Zentrum des Wohngebietes lag ein linsenförmiger Platz, der die neuen Bewohner an einen begrünten Dorfanger erinnern sollte. Neben der Gemeindevertretung (09), in der Deul und die Unternehmensleiter den Vorstand bildeten, entstanden in der Nähe des Angers mit den Schulen (04), einem

Postamt (07) und zwei Kirchen die wichtigsten Gemeinschaftseinrichtungen der jungen Gemeinde.
Während die katholische Kirche St. Antonius von Padua (03) mit dem Gemeindehaus auf einen schmalen Platz zur Edisonstraße ausgerichtet war, wurde die evangelische Christuskirche (08) östlich vom Anger in einer Sichtachse zum Kaisersteg (12) platziert. Zwischen 1898 und 1945 verband der Kaisersteg als Fußgängerbrücke die Ortsteile Ober- und Niederschöneweide. Nach der Zerstörung am Ende des Zweiten Weltkriegs durch Einheiten der SS wurde der Kaisersteg zwischen 2005 und 2007 wiederaufgebaut.

Die Wohnanlagen

Bis in die 1930er-Jahre hinein wurden die 1902 abgesteckten Parzellen schrittweise bebaut. Nach dem Ersten Weltkrieg traten an die Stelle von Einzelbauten auf den schmalen Grundstücken vermehrt größere Wohnanlagen. Als früheste und bekannteste dieser Anlagen wurde ab 1919 der von Peter Behrens geplante Block zwischen Zeppelin-, Roedern- und Fontanestraße ausgeführt (01). Ihm folgte ab 1923 der vis-à-vis an der Fontanestraße gelegene Block von Jean Krämer (02), der wie der Entwurf von Behrens im Auftrag einer Baugesellschaft der AEG ausgeführt wurde.
Beide Wohnanlagen orientierten sich mit ihrer Nordfront zur angrenzenden Wuhlheide, in deren Saum der von Emil Rathenau gestiftete und für das eigene Familiengrab genutzte Friedhof (11) eingebettet wurde. Auch das flussaufwärts gelegene Ruderhaus „Elektra", von Peter Behrens 1910 bis 1912 für die Angestellten der Rathenau'schen Unternehmen errichtet, geht auf die AEG zurück.
In den 1930er-Jahren kam der Siedlungsbau in Oberschöneweide zu einem vorläufigen Ende. Zu den eindrucksvollsten Wohnbauten dieser Zeit gehört die 1930 bezogene Wohnanlage von M. W. Baars an der Goethe- und der Parsevalstraße (06). Erst in den Nachkriegsjahren wurde im Bereich der Kottmeierstraße (10) erneut mit einem größeren Wohnungsbauprogramm begonnen, das die Unterbringung der Belegschaften und ihrer Familien in zeittypischen Zeilenbauten vorsah.

Neues Leben im Kiez

Dass neben den Industriebauten an der Spree auch die Siedlung mit ihren Bauten und Freiflächen heute vorbildlich saniert ist, verdankt sie der Ausweisung als Sanierungsgebiet im Jahr 1995. Die gemeinsame Initiative von Land und Bezirk, Stadtplanung und Denkmalpflege, Quartiers- und Regionalbetreuung verlangsamte den Ende der 1980er-Jahre einsetzenden Bevölkerungsrückgang und hielt ihn schließlich auf. Seit Beginn der Sanierungen stieg die Einwohnerzahl in Oberschöneweide um mehr als 8.000 Personen. Heute sind es vor allem junge Familien, Studenten und Studentinnen sowie andere Hochschulangehörige, die zwischen Spree und Wuhlheide auf Wohnungssuche gehen.

Infos für Neugierige
Blog über das Leben in Schöneweide
megaschoeneweide.de

Die evangelische Christuskirche östlich des Angers steht in einer Sichtachse zum Kaisersteg. © Andreas Muhs

Villa Deul: ältestes erhaltenes Wohnhaus in Oberschöneweide © Andreas Muhs

Die Schule nördlich des Dorfangers ist eine wichtige Gemeinschafts-einrichtung. © Andreas Muhs

© Andreas FranzXaver Süß

INDUSTRIESALON SCHÖNEWEIDE

Engagierte Bürger und Unternehmen aus Schöneweide gründeten 2009 einen gemeinnützigen Verein, um das letzte Werksmuseum von Schöneweide vor der Verschrottung zu retten. Heute dient die Sammlung aus dem Werk für Fernsehelektronik als Grundstock für Ausstellungen im sogenannten Industriesalon. Das Schaudepot ist öffentlich und kostenfrei zugänglich. Der Verein will die bedeutende Industriekultur Schöneweides vor Ort sichtbar machen und damit den Standort langfristig stärken. Technik, Geschichte, Gespräche, persönliche Erinnerungen und Musik – das Museum ist ein Raum der Begegnung und der Vermittlung.

Reinbeckstraße 10
12459 Berlin

Fläche
600 m² auf zwei Ebenen
Exponate
Geschichte der lokalen Großindustrie
Denkmalschutz
nein
Eigentümer heute
privat
Nutzung heute
Museum, Archiv, Galerie, Besucherzentrum, Salon für Veranstaltungen und ein Repair-Café

Vom Werk für Fernsehelektronik zum Industriesalon

Als der südkoreanische Konzern Samsung 1993 die Bildröhrenproduktion im ehemaligen VEB Werk für Fernsehelektronik (WF) übernahm, wurde wenig später das in den 1980er-Jahren entstandene Werksmuseum eingelagert. Bis dahin war es im Turm des Peter-Behrens-Baus öffentlich zugänglich gewesen. 2005 schloss Samsung den Standort, 2009 wurde die Immobilie verkauft. Um die Entsorgung des WF-Museums zu verhindern, gründete sich der Industriesalon Schöneweide e. V. Die Sammlung wurde in eine benachbarte Halle umgelagert und öffentlich zugänglich gemacht. Seit 2012 gehört der Industriesalon zum Landesverband der Museen zu Berlin.

Mit Engagement zum Erfolg

Bei der Erforschung, der Aufarbeitung und der Darstellung der Industriegeschichte Schöneweides arbeitet der Verein intensiv mit den Informationen von Zeitzeugen – ehemaligen Beschäftigten der Schöneweider Großbetriebe. Mitglieder im Verein sind Bürger, die sich besonders für Schöneweide interessieren, der Studiengang Museumskunde der benachbarten Hochschule für Technik und Wirtschaft Berlin sowie heute vor Ort ansässige Unternehmen, die für ihr Marketing gerne auf das Fotoarchiv des Industriesalons zurückgreifen.
In einer ehemaligen Produktionshalle des Transformatorenwerks Oberschöneweide (TRO) – ohne Heizung und in desolatem Zustand – konnte der Verein 2009 die WF-Sammlung unterbringen. Mithilfe von früheren

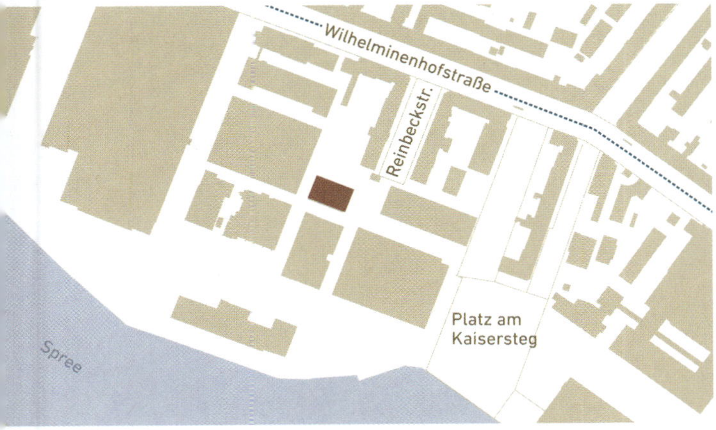

WF-Ingenieuren wurde die Sammlung geordnet und die Exponate in Vorträgen erklärt. 2011/12 sanierte man die Halle energetisch und der Eigentümer räumte dem Verein ein mietfreies Nutzungsrecht für weitere 15 Jahre ein. Da er seine Immobilien der Nutzung durch Kunst und Kultur vorbehalten hat, passt der Industriesalon gut in sein Konzept. In den letzten Jahren sind einige neue Nachbarn dazugekommen: von Gegenwartskunst in den Reinbeckhallen über das Café Schöneweile bis zur Spreehalle Berlin als Produktions- und Aufführungsort für Musik.

Ausgangspunkt für Entdeckungen

Seit 2012 arbeitet der Verein mit EU-Geldern an der Erschließung der lokalen Industriekultur für den Tourismus. Er setzt sich dafür ein, die Industriegeschichte von Schöneweide vor Ort sichtbar zu machen und den Standort damit langfristig zu stärken. Mit einer Erweiterung des Serviceangebots für Besucherinnen und Besucher sowie dem Angebot thematischer Führungen und Stadtrallyes für Klein und Groß hat sich der Industriesalon zu einem lokalen Besucherzentrum entwickelt.

Die 2013 eröffnete Dauerausstellung gibt einen Überblick über die Industriegeschichte Schöneweides von ihren Anfängen bis heute. Gezeigt werden Objekte aus der AEG-Zeit, Produkte der ehemaligen VEBs und heutige Entwicklungen der noch vor Ort tätigen BAE Batterien GmbH. Eine zweite Dauerausstellung, die Elektronenröhrenschau, erzählt von den technischen Entwicklungen des Werks für Fernsehelektronik, das ab 1960 eine herausgehobene Bedeutung für die elektroindustrielle Produktion und Forschung der DDR hatte.

Vielfältiges Programm

Ergänzt wird das Museum durch wechselnde Sonderausstellungen und kulturelle Veranstaltungen zu verschiedenen Themen. Mit Lesungen und Konzerten ergeben sich neue Zugänge zur Industriekultur. Auch an vielen Sonderveranstaltungen wie der Langen Nacht der Museen oder dem Tag des offenen Denkmals beteiligt sich der Industriesalon. Oft entstehen die Angebote in Zusammenarbeit mit anderen lokalen Akteuren wie der rundherum angesiedelten Kunst- und Kreativszene oder dem Unternehmerkreis Schöneweide.

Im Repair-Café, das zweimal pro Monat stattfindet, helfen ehrenamtliche Fachleute, mitgebrachte Dinge zu reparieren. Neben dem nachhaltigen Umgang mit Ressourcen spielen hier auch die Weitergabe von Wissen und die Faszination an Technik eine große Rolle.

Ein weiterer Schwerpunkt liegt auf der Erforschung der lokalen Wirtschaftsgeschichte. Durch das museumseigene Archiv mit zahlreichen Materialien, einer frei zugänglichen Mediathek und der intensiven Zusammenarbeit mit Zeitzeugen wird das Wissen um die ehemaligen Großbetriebe bewahrt. Daraus entstand bisher eine Vielzahl von Publikationen.

Infos für Neugierige
Industriesalon Schöneweide
industriesalon.de

Die Ausstellung im Industriesalon zeigt viele Exponate des ehemaligen WF-Werksmuseums. © Andreas Muhs

Glasbläser beim Bearbeiten eines Bildröhrenkolbens im WF, 1952 © industriesalon.de, CC BY-SA

MOBILE METROPOLE

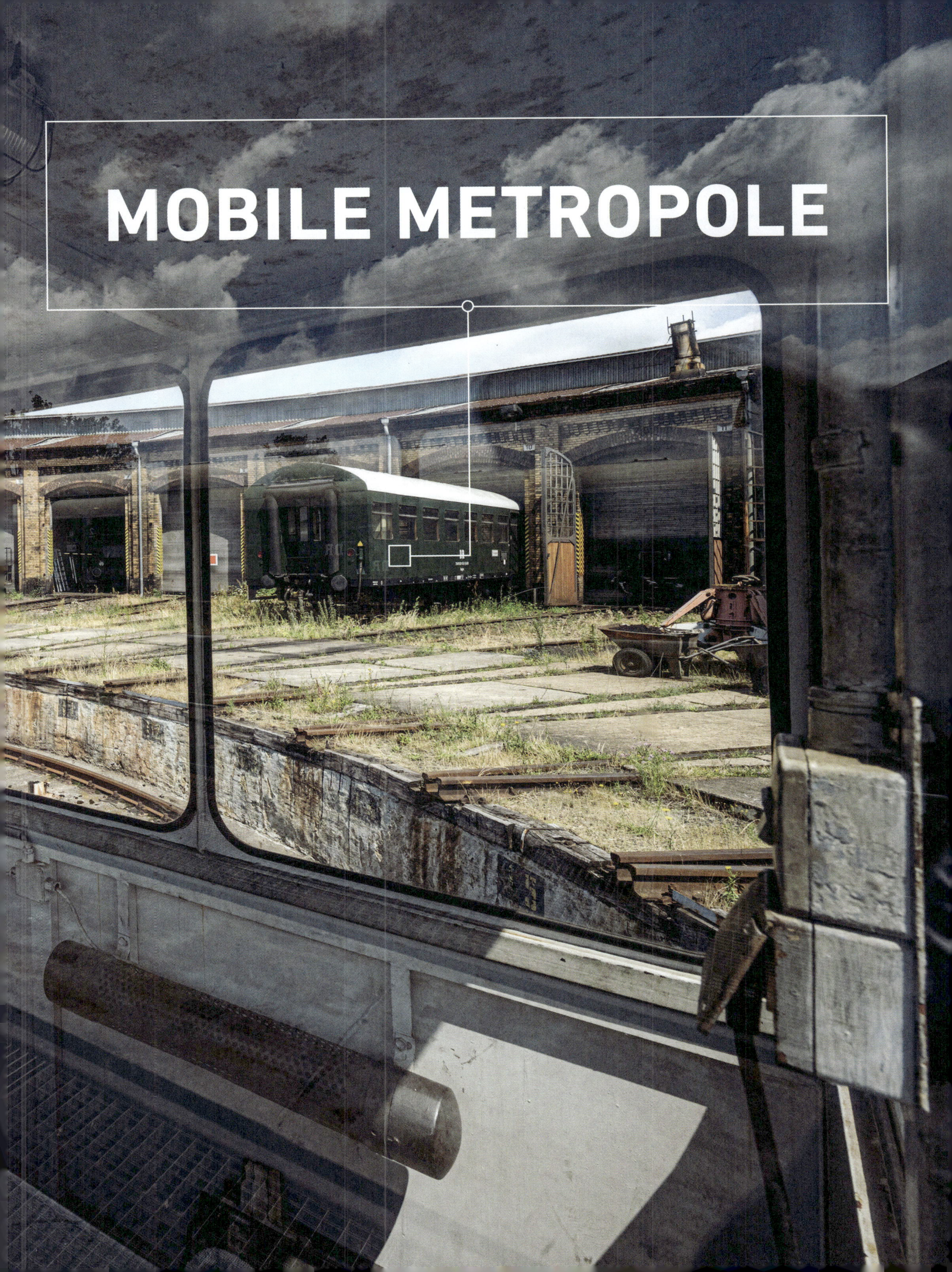

BAHNBETRIEBSWERK SCHÖNEWEIDE

Das Bahnbetriebswerk Schöneweide ist eines der letzten historischen Bahnbetriebswerke (Bw) in Berlin und das einzige, in dem es tatsächlich noch „dampft". Zwischen 1902 und 1906 für den Rangierbahnhof Schöneweide errichtet, ist es heute der Standort des Dampflokfreunde Berlin e. V. Der Verein widmet sich seit den 1990er Jahren nicht nur dem Erhalt der historischen Schienenfahrzeuge und des Bahnbetriebswerks, sondern macht mit zahlreichen Dampflok-Sonderfahrten Verkehrsgeschichte und Industriekultur mit allen Sinnen erlebbar.

Wagner-Régény-Allee 9
12487 Berlin-Johannisthal

Baujahr/Bauherren
1902–1906/Königliche Eisenbahndirektion Berlin
Denkmalschutz
Gesamtanlage
Eigentümer heute
Dampflokfreunde Berlin e. V.
Nutzung heute
Bahnbetrieb und Kultur

↑ © Andreas FranzXaver Süß

Verkehrsströme

Mit dem Anschluss der Bahnstrecke Berlin–Görlitz an die Berliner Ringbahn 1885 veränderten sich die Verkehrsströme. Während der Görlitzer Bahnhof in Berlin seine Bedeutung für den Güterverkehr verlor, wurde vor den Toren der Stadt ein neuer Rangierbahnhof notwendig. Zwischen 1886 und 1888 am heutigen Bahnhof Berlin-Schöneweide angelegt, bildete der Rangierbahnhof fortan die Schnittstelle zwischen dem Berliner Eisenbahnnetz und der Strecke Richtung Görlitz.
Das steigende Verkehrsaufkommen und die zunehmende Industrieansiedlung in Schöneweide machten um 1900 einen Neubau der Bahnanlagen erforderlich. 1902 begannen die Arbeiten für den neuen Rangierbahnhof unmittelbar südöstlich des heutigen Sterndamms. Ein erster Teilbereich konnte bereits 1903 in Betrieb genommen werden, die Gesamtanlage wurde bis 1906 fertiggestellt.

Das Bahnbetriebswerk

Das Herzstück des neuen Rangierbahnhofs bildete das Bahnbetriebswerk mit seinem zwölfständigen Ringlokschuppen samt Drehscheibe (01), Wasserturm (02) sowie mehreren Nebengebäuden (03). Die Aufgabe des Betriebswerks bestand in der Versorgung und der Wartung der Rangier- und Güterzuglokomotiven. Für den Einsatz größerer und leistungsfähiger Dampflokomotiven wurde der Lokschuppen bereits 1908 und 1913/14 um jeweils vier auf 20 Schuppengleise erweitert. Ebenfalls 1908 wurden auch sieben der ursprünglichen Lokschuppen-

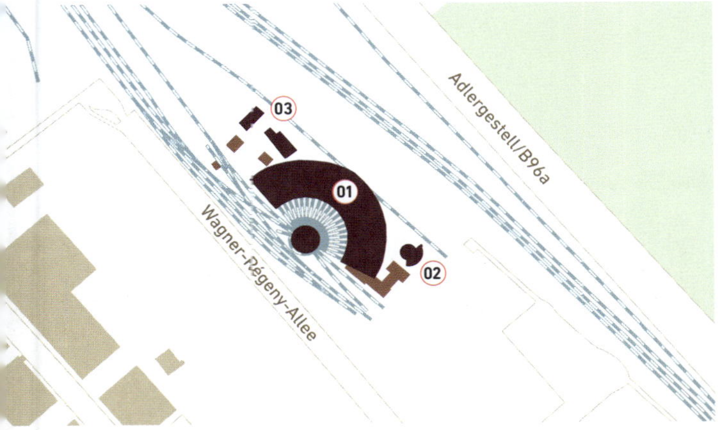

stände verlängert, die restlichen fünf folgten erst 1942. Noch heute lassen sich die Erweiterungen in der Bausubstanz des Lokschuppens ablesen.

Dampf, Diesel, Strom

Mit dem Traktionswandel bei der Deutschen Reichsbahn, also der Ablösung der Dampflokomotiven durch modernere Antriebsarten, erhielt das Bw Schöneweide 1974 seine ersten Diesellokomotiven für den Rangierdienst. Genau zehn Jahre später erreichte auch die Streckenelektrifizierung Schöneweide. Für die Wartung von Elektrolokomotiven waren umfangreiche Umbauarbeiten an den Anlagen des Betriebswerks notwendig. Dennoch gehörten Dampflokomotiven bis zur Auflösung des Standortes 1994 seitens der Bahn zum festen Bestand des Bw Schöneweide. Zuletzt dienten die Dampfloks als Heizlokomotiven, beispielsweise für den winterlichen Betrieb der Weichenheizung am Rangierbahnhof Berlin-Wuhlheide.

Weichenstellung für die Zukunft

Mit dem Fall der Berliner Mauer 1989 wurden auch die Weichen für das Bw Schöneweide neu gestellt. Einerseits führte der massive Einbruch des Güterverkehrs Anfang der 1990er-Jahre zur schrittweisen Stilllegung des Verschiebebahnhofs in Schöneweide (heute Johannisthal). Andererseits nutzte der Verein Dampflokfreunde Berlin e. V. die Gunst der Stunde und erwarb 1992 die Schöneweider Dampflok 52 8177. Bereits seit 1990 auf dem Areal aktiv, übernahm der Verein auch das Bahnbetriebswerk nach dessen offizieller Stilllegung, zunächst als Mieter und seit 2018 als Eigentümer.
Mit dem Erwerb des Geländes wurde die Voraussetzung für eine langfristige Nutzung und den Erhalt der Anlagen geschaffen. Parallel dazu entsteht auf dem ehemaligen Gleisfeld des Rangierbahnhofs ein neues modernes Stadtquartier für Gewerbe und Produktion. Unterstützt durch das Bundesprogramm „Nationale Projekte des Städtebaus", das Land Berlin sowie die Deutsche Stiftung Denkmalschutz wird das Bahnbetriebswerk in den nächsten Jahren denkmalgerecht saniert. Es soll – in Ergänzung zum historischen Eisenbahnbetrieb – zu einer Kultur-, Lern- und Begegnungsstätte von lokaler und internationaler Bedeutung für historische Eisenbahn- und Industriekultur entwickelt werden. Mit der Sanierung des Wasserturms und der Gründung der Internationalen Jugendbauhütte Berlin 2020 hat die Transformation des Bahnbetriebswerks zum „DampflokWerk Berlin" bereits Fahrt aufgenommen.

Infos für Neugierige
Buchtipp
Lukow, Jan: Berlin-Schöneweide, Bahnhof – Bahnbetriebswerk – Rangierbahnhof, Berlin 2013

Website des Vereins
www.dampflokfreunde-berlin.de

berlin-macht-dampf.com

Zum Quartier
adlershof-johannisthal.de

Im Lokschuppen steht links 52 8177, von den Vereinsmitgliedern liebevoll „Else" genannt.
© Andreas FranzXaver Süß

Der Lokschuppen kurz nach seiner Fertigstellung um 1905
© Atlas zur Zeitschrift für Bauwesen, 1905

© Andreas FranzXaver Süß

REICHSBAHNAUSBESSERUNGS-WERK (RAW) SCHÖNEWEIDE

Um 1900 ist die Berliner Straßenbahn weitestgehend elektrifiziert, die U-Bahn fährt bereits seit ihrer Eröffnung 1902 elektrisch. Die Stadt-, Ring- und Vorortbahnen, erst seit 1930 als „S-Bahn" bezeichnet, sind jedoch noch bis in die 1920er Jahre hinein weitestgehend mit Dampf bespannt. Nach Jahren der Vorplanung und eingehenden praktischen Versuchen entschied am 8. Juli 1926 der Verwaltungsrat der Deutschen Reichsbahn Gesellschaft, die Berliner Nahverkehrsstrecken vollständig zu elektrifizieren. Damit fiel der Startschuss für die vielleicht größte Transformation in der Geschichte der Berliner S-Bahn, die „Große Elektrifizierung", die wiederum den Bau des Reichsbahnausbesserungswerks (RAW) Berlin-Schöneweide erforderlich machte.

Adlergestell 143
12439 Berlin-Treptow

Baujahr/Bauherren
1926–1939/Deutsche Reichsbahn
Bauleitung/Architekt
Fritz Hane
Denkmalschutz
Gesamtanlage
Eigentümer heute
S-Bahn Berlin GmbH
Nutzung heute
Fahrzeuginstandhaltung

Für die Zukunft geplant

Mit der Streckenelektrifizierung war die Beschaffung neuer elektrischer Triebwagen verbunden. Die vorhandenen Reichsbahnausbesserungswerke in Grunewald und Friedrichshain kamen für deren Unterhalt aus verschiedenen Gründen jedoch nicht infrage. Gleiches galt für das RAW Tempelhof. Dieses wartete zwar in der Anfangszeit die bereits in Berlin vorhandenen elektrischen S-Bahn-Triebwagen, bei einem prognostizierten Bedarf von bis zu 2.000 aufzuarbeitenden Fahrzeugen pro Jahr schied dieses aber ebenfalls aus. Bereits seit 1921 beschäftigte sich daher ein Fachgremium mit den Vorplanungen für ein neues Werk.

Moderne Arbeitsorganisation

Im August 1926 begannen die Erdarbeiten für das neue RAW auf einem 30,1 Hektar großen Areal nahe dem heutigen S-Bahnhof Schöneweide. Die Eröffnung des Werks erfolgte bereits ein Jahr später am 15. Oktober 1927. Als Architekt für den gewaltige Hallenkomplex und das vorgesetzte Verwaltungsgebäude zeichnete Fritz Hane (1882–1949) verantwortlich, seines Zeichens Hochbaudezernent der Reichsbahndirektion Berlin. Bis 1939 wurde das RAW in zwei Bauphasen auf seine maximale Kapazität erweitert und war Arbeitsplatz für circa 1.700 Beschäftigte.
Zu den ersten Aufgaben des RAW gehörte ab Januar 1928 die Montage der elektrischen Ausrüstung in den neu angelieferten S-Bahn-Wagen der Bauart „Stadt-

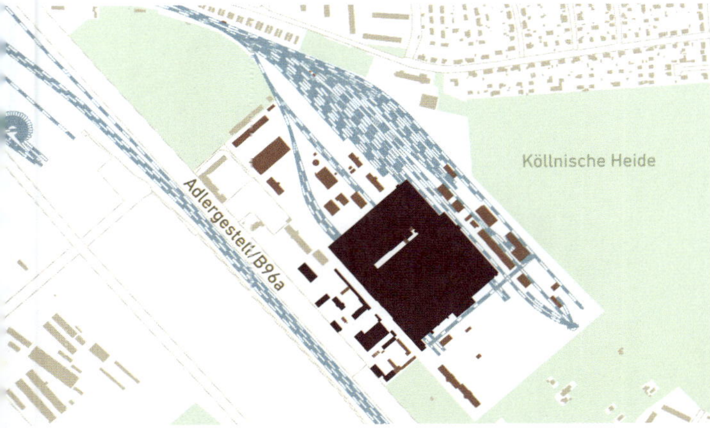

bahn". Später sollten die Wagen nach rund neun Monaten Betriebseinsatz beziehungsweise dem Erreichen einer durchschnittlichen Laufleistung von etwa 90.000 km eine umfassende Instandhaltung im RAW durchlaufen. Deswegen war das ganze Werk konsequent nach dem Prinzip der Fließarbeit konzipiert, ein Novum für eine große Werkstatt der Reichsbahn. Nach der Reinigung der S-Bahn-Wagen wurden diese zerlegt und die Wagenkästen, Drehgestelle, Fahrmotoren und Achsen auf parallel verlaufenden Arbeitsstraßen aufgearbeitet. Neu zusammengesetzt und frisch lackiert sollten die S-Bahn-Wagen bereits nach sieben Tagen das RAW wieder verlassen.

Nicht nur S-Bahn

Nach dem Zweiten Weltkrieg, den das Werk ohne massive Schäden überstand, übernahm das RAW weitere Aufgaben. Dazu gehörten die Hauptuntersuchungen der Ost-Berliner U-Bahnen, da nach der Teilung der Stadt die in West-Berlin gelegenen U-Bahn-Werkstätten der BVG nicht mehr erreichbar waren. Die Aufarbeitung von Straßenbahnwagen übernahm das RAW ab 1959. Hinzu kamen auch immer wieder Sonderaufträge wie beispielsweise die „Rekonstruktion" beziehungsweise der Neubau von Triebwagen für die Oberweißbacher Bergbahn. Nicht grundlos erinnert deren Kopfform noch heute verdächtig an die der alten Berliner S-Bahn-Züge.

Aktives Denkmal

Nach der Wiedervereinigung fusionierten die Deutsche Reichsbahn und die Bundesbahn 1994 zur DB AG. Ein Jahr später wurde die S-Bahn Berlin GmbH als Tochterunternehmen gegründet, welche auch den Standort in Schöneweide übernahm. Aus dem Reichsbahnausbesserungswerk wurde die Hauptwerkstatt Schöneweide. In den 1990er Jahren umfangreich modernisiert, ist das Werk jetzt wieder ausschließlich für die Instandhaltung, den Umbau und die Modernisierung der S-Bahnen zuständig. Das ehemalige RAW Schöneweide ist damit nicht nur ein Industriedenkmal mit einer 90-jährigen Geschichte, sondern auch heute noch ein wichtiger aktiver Bestandteil der S-Bahn als Verkehrssystem, das täglich rund eine Million Fahrgäste befördert.

Das Verwaltungsgebäude im Stil der Neuen Sachlichkeit →
© Andreas FranzXaver Süß

Infos für Neugierige
Buchtipp
S-Bahn Berlin GmbH [Hg.]: Berliner S-Bahn, 70 Jahre Hauptwerkstatt Schöneweide, Berlin 1997

Zwei der Arbeitsstraßen für die Aufarbeitung der Wagenkästen.
© Eisenbahnstiftung Joachim Schmidt, Foto: RVM, 1931
↓

Blick in die Werkhallen
© Andreas FranzXaver Süß
↓

STRASSENBAHN-BETRIEBSHOF KÖPENICK

Bereits von Weitem heben sich der geschwungene Giebel mit Jugendstil-Ornamenten und die vier Rundbogentore von der restlichen Umgebung ab. Deutlich sichtbar ist auch das Wappen der früher eigenständigen Stadt Köpenick, bis 1931 noch mit „C" geschrieben. Seit seinem Bau im Jahr 1903 beheimatet der Betriebshof elektrische Straßenbahnen. Doch in die 1997 restaurierte Halle dürfen die modernen und etwas breiteren Niederflurwagen nicht hineinfahren. Deshalb bewahrt und pflegt hier der Denkmalpflege-Verein Nahverkehr Berlin e. V. seit 2015 die Sammlung historischer Straßenbahnwagen der BVG und macht sie der Öffentlichkeit zugänglich.

Wendenschloßstraße 138
12557 Berlin

Baujahr/Bauherren
1903–1906, Umbau 1912–1913/
Städtische Straßenbahn Cöpenick
Architekt
Hugo Kinzer
Denkmalschutz
Gesamtanlage
Eigentümer heute
BVG
Nutzung heute
aktiver Betriebshof, Depot für historische Straßenbahnen und Vereinssitz des Denkmalpflege-Vereins Nahverkehr Berlin e. V.

↑

Straßenbahn als neues Verkehrsmittel

Berlin verfügt über eines der größten und ältesten Straßenbahnnetze der Welt. Mit einer Pferdebahn vom Brandenburger Tor nach Charlottenburg begann 1865 das Zeitalter der Straßenbahn in der Hauptstadt. 1881 folgte in Groß-Lichterfelde die erste elektrische Straßenbahn der Welt von Siemens & Halske.
Köpenick, gelegen am Zusammenfluss von Spree und Dahme, lebte vor allem vom Transport über die Wasserwege. Mit der Industrialisierung erfolgte Mitte des 19. Jahrhunderts auch die Anbindung an die Eisenbahn. Der Bahnhof lag jedoch circa zwei Kilometer außerhalb des Stadtzentrums und war nur schlecht erreichbar. Die erste Pferdebahn der Stadt Köpenick verband seit Oktober 1882 also die Bahnstation mit dem Schlossplatz.

Von Pferde-Stärken zur „Elektrischen"

Im August 1903 erfolgte die Elektrifizierung der Straßenbahn. Die Wagen der Städtischen Straßenbahn Cöpenick wurden mit Strom aus Oberschöneweide betrieben. Die technische Ausrüstung dafür lieferte die AEG. Um die neu angeschafften Straßenbahnwagen warten und unterbringen zu können, wurde in der Wendenschloßstraße der Straßenbahn-Betriebshof errichtet.

Betriebsbahnhof Köpenick

Die Stadt übernahm das Grundstück an der Wendenschloßstraße 138 in den 1870er-Jahre von der Berliner Charité. Um 1900 begann der Bau des Straßenbahn-Betriebshofs, der mit seiner Klinkerverblendung und der auffälligen Dachkonstruktion die Architektur norddeut-

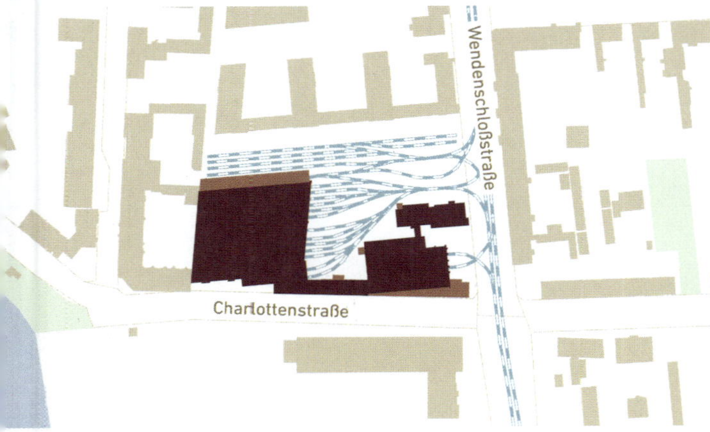

scher Giebelbauten zitiert. 1903 ging die kleine Wagenhalle mit Satteldach und Oberlichtraupe (01) in Betrieb. Die Halle mit den vier Rundbogentoren war für zwanzig Wagen ausgelegt, an den Längsseiten schlossen sich Anbauten für Werkstätten und Büros sowie eine Wohnung für den Meister an. In den nächsten Jahren wurden das Verwaltungsgebäude (02) sowie eine zweigleisige Werkstatt (03) fertiggestellt. Ab 1910 bot die große, zwölfgleisige Wagenhalle mit zierlichen Türmchen und sechsteiligen Giebeln Platz für weitere 80 Wagen. Eine Besonderheit des Betriebshofs ist die fehlende Wendeschleife. So mussten die Straßenbahnen rückwärts auf den Hof und in die Hallen fahren.
Mit der Gründung von Groß-Berlin 1920 wurden Köpenick und die umliegenden Ortschaften nach Berlin eingemeindet und der städtische Bahnbetrieb von der Berliner Straßenbahn übernommen. Ein Teil der Anbauten des historischen Betriebshofs wurde in den 1970er-Jahren abgerissen und durch modernere Montagehallen ersetzt, der Rest des denkmalgeschützten Areals wurde in den 1990er-Jahren aufwendig restauriert und modernisiert.

Verkehrsgeschichte zum Anfassen

Seit Frühjahr 2015 hat der Denkmalpflege-Verein Nahverkehr Berlin e. V. seinen Sitz im Betriebshof. Der Verein ging nach der Wende aus einer Arbeitsgruppe hervor, die bereits 1967 ihre Tätigkeit in Köpenick aufgenommen hatte. Ziel ist es, ausgewählte Fahrzeuge denkmalgerecht zu erhalten, zu pflegen und damit die Berliner Verkehrsgeschichte zu dokumentieren und erfahrbar zu vermitteln. Die Sammlung historischer Straßenbahnen der BVG gibt Einblick in über 125 Jahre Berliner Verkehrsgeschichte. Das älteste der rund 50 Fahrzeuge ist der 1883 gebaute Pferdebahnwagen, der für die große Berliner Pferdeeisenbahn durch die Innenstadt fuhr. Die jüngsten Sammlungsstücke sind die 1995 modernisierten Tatrawagen, die noch bis in die 2000er-Jahre in Berlin unterwegs waren. Eine Besonderheit stellen die rund zwanzig betriebsfähigen Wagen dar, welche bei Sonderfahrten und Vermietungen zum Einsatz kommen. Dazu gehören auch die beliebten Themenfahrten, jeweils an einem Sonntag in den Monaten April bis November. Zu verschiedenen Gelegenheiten öffnet der Betriebshof seine Tore und die engagierten Mitglieder geben ihr umfangreiches Wissen zu den einzelnen Wagen und ihrer Geschichte weiter.

Der Verein hält rund zwanzig der Wagen in betriebsfähigem Zustand.
© Andreas FranzXaver Süß

Infos für Neugierige
Denkmalpflege-Verein Nahverkehr Berlin e. V.
dvn-berlin.de

Weitere historische Fahrzeuge der BVG: Depot für Kommunalverkehr des Deutschen Technikmuseums
technikmuseum.berlin

Verwaltungsgebäude und Wagenhalle mit Rundtoren, 1944
© Historisches Archiv der BVG

Historische Straßenbahnwagen im Hof des Betriebshofs Köpenick
© DVN, Stefan Reimann

↑ © Andreas FranzXaver Süß

FLUGPLATZ JOHANNISTHAL

Wo sich heute vielfältige Tier- und Pflanzenarten angesiedelt haben, erprobten ab 1909 die Pioniere der deutschen und internationalen Luftfahrt ihre aufsehenerregenden neuen Erfindungen. Bereits wenige Jahrzehnte nach seiner Eröffnung verlor der Flugplatz Johannisthal seine Bedeutung für die Luftfahrt. Seitdem gab es viele Zwischennutzungen auf dem Flugplatz – vom Filmstudio bis zur Produktion von Autos und Kühlschränken. Heute liegt ein Großteil der Fläche brach, die Zukunft des geschichtsträchtigen Areals ist ungewiss.

Segelfliegerdamm 1–45, Groß-Berliner Damm, Hermann-Dorner-Allee, 12487 Berlin

Baujahr/Bauherren
1912–1916/Deutsche Flugplatzgesellschaft
Architekt
Arthur Müller Ballonhallenbau GmbH (Baufirma)
Denkmalschutz
teilweise, seit 2002 auch Natur- und Landschaftsschutzgebiet
Eigentümer heute
nördlicher Teil: Bauwert Aktiengesellschaft und private Erbengemeinschaft, südlicher Teil: Wissenschaftspark Adlershof, öffentlich
Nutzung heute
Landschaftspark, Gewerbe, Wohnen

Anfänge der Luftfahrt

Mit einem spektakulären Flugwettbewerb wurde am 26. September 1909 der Flugplatz Johannisthal-Adlershof eröffnet. Damit entstand einer der ersten unternehmerisch geführten Motorflugplätze in Deutschland. Der Standort Johannisthal war ein Ausweichquartier: Auf dem Tempelhofer Feld erhielt die Deutsche Flugplatzgesellschaft keine Zulassung für den Motorflug, da sich dort bereits die Luftschifffahrt angesiedelt hatte.
Das circa zwei Quadratkilometer große Gelände in Johannisthal beherbergte unter anderem zwei Luftschiffhallen, ein 800 Meter langes Rollfeld sowie zwei Tribünen für knapp 4.000 Besucher. Die Betreibergesellschaft war auf den Besucherbetrieb als Einnahmequelle angewiesen. Der Flugplatz entwickelte sich zu einer internationalen Attraktion und einem gesellschaftlichen Treffpunkt. Die oft skurrilen Konstruktionen, die wagemutigen Kunststücke, aber auch die spektakulären Unfälle der Piloten lockten zahlreiche Besucher an.

Weibliche Konkurrenz

Bis zum Ausbruch des Ersten Weltkriegs siedelten sich mehrere Flugzeughersteller an: so die Albatros-Werke, die Rumpler-Luftfahrzeugbau GmbH oder die Deutsche Versuchsanstalt für Luftfahrt. Bei den Rumpler-Werken absolvierte Melli Beese als erste deutsche Frau die Ausbildung zur Motorfliegerin. Ihr Weg war geprägt von Vorurteilen und Benachteiligungen. Trotz aller Widerstände legte sie 1911 an ihrem 25. Geburtstag erfolgreich die Prüfung für die Flugzeugführerlizenz ab.

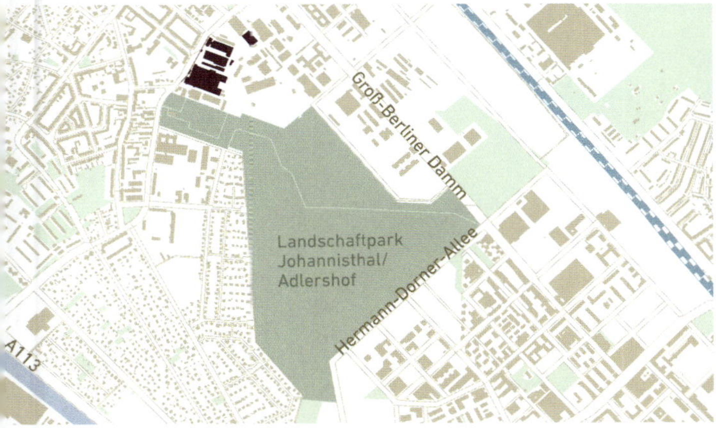

benachbarten Deutschen Versuchsanstalt für Luftfahrt. In der Nachkriegszeit entwickelte sich ein vielfältiger Industriestandort, unter anderem produzierten hier der VEB Motorenwerk Johannisthal und der VEB Kühlautomat Berlin-Johannisthal. Zwar wurde der Platz ab 1952 nicht mehr für den Luftverkehr genutzt, die endgültige Schließung erfolgte jedoch erst 1995 nach einem tödlichen Unfall bei einer Flugshow mit historischen Flugzeugen.

Luftpost nach Weimar

Während des Ersten Weltkriegs musste die Betreibergesellschaft ihre Arbeiten einstellen. Der Flugplatz wurde ausschließlich für militärische Zwecke genutzt. Rund ein Viertel aller im Ersten Weltkrieg im Deutschen Reich genutzten Flugzeuge wurden dort produziert. Nach Kriegsende hielt die zivile Luftpost Einzug in Johannisthal. Zwischen Weimar und Johannisthal wurden zweimal pro Tag Postgut und vor allem Zeitungen transportiert. Kurze Zeit später folgten auch die ersten Passagierflüge. Mit der Eröffnung des Zentralflughafens Tempelhof 1923 verlor der Flugplatz Johannisthal seine Bedeutung für die zivile Passagierluftfahrt.

Neue Nutzungen

Der Versailler Friedensvertrag schränkte den Bau von Flugzeugen in Deutschland stark ein. So entstanden in den 1920er-Jahren in den ehemaligen Produktionshallen unter anderem Autos. In einen Teil der Hallen zogen Tageslicht-Filmstudios ein. Die Johannisthaler Filmanstalt GmbH entwickelte sich zu einem der erfolgreichsten Filmstudios Deutschlands. Während des Nationalsozialismus diente der Flugplatz als Experimentierfeld für geheime Aufrüstungsprojekte, zum Teil in Zusammenarbeit mit der

Ungewisse Zukunft

Der südliche Abschnitt des Geländes (Aerodynamischer Park) ist durch die eindrucksvollen Baudenkmale der ehemaligen Deutschen Versuchsanstalt für Luftfahrt (DVL) geprägt. Heute befindet sich dort ein Teil des Campus der Humboldt-Universität. Das ehemalige Rollfeld wurde wieder der Natur überlassen und in den 65 Hektar großen Landschaftspark Adlershof integriert.
Die Gebäude der früheren Flugzeugfabrik der Luftverkehrsgesellschaft im nördlichen Teil liegen seit dem Umzug des VEB Kühlautomat Anfang der 1990er-Jahre brach – Verfall und Substanzverlust sind die Folge. Die Zukunft des Areals ist umstritten: Nach einem 2021 vorgelegten Bebauungsplan sollen zahlreiche denkmalgeschützte Gebäude Wohnkomplexen weichen. Wie viele und welche Baudenkmale in Zukunft an die Geschichte als frühe Stätte des deutschen Motorfluges erinnern werden, ist ungewiss.

Infos für Neugierige
Buchtipps

WISTA Management GmbH (Hg.): 100 Jahre Innovation aus Adlershof, Adlershofer Geschichten Band 1, Berlin 2009

May, Wolfgang: Berlins vergessene Traumfabrik, Berlin 2020

Steinle, Holger: Die Berliner Luftfahrtsammlung, in: Bauwelt 44/2010, S. 24–27

Die erste deutsche Pilotin, Melli Beese, auf ihrer Rumpler-Taube, um 1911 © SDTB, Historisches Archiv

Die Rumpler-Werke am Flugplatz Johannisthal, 1914 © Public Domain, via Wikimedia Commons

Startplatz des Flugplatzes Johannisthal mit den Hallen der Fokker-Flugzeugwerke im Hintergrund, um 1912 © Public Domain, via Wikimedia Commons

Rudower Chaussee/Newtonstraße, 12489 Berlin

Baujahr/Bauherren
1912 bis circa 1940/Deutsche Versuchsanstalt für Luftfahrt
Architekten
Hermann Brenner, Werner Deutschmann
Denkmalschutz
Einzeldenkmal und Gesamtanlage
Eigentümer heute
Investmentgesellschaft
Nutzung heute
Wissenschafts- und Technologiepark, Campus

↑ © Andreas FranzXaver Süß

AERODYNAMISCHER PARK

Der Name Adlershof steht seit einigen Jahren für eine erfolgreiche Technologiepark-Entwicklung gemeinsam mit der Humboldt-Universität zu Berlin. Das Entwicklungsgebiet Johannisthal/Adlershof ist historisch gesehen die Wiege der deutschen Motorluftfahrt und der frühen Luftfahrtforschung. Der Landschaftspark Johannisthal/Adlershof zeugt davon, ebenso wie die Anlagen der ehemaligen Deutschen Versuchsanstalt für Luftfahrt e. V. (DVL) samt ihren drei außergewöhnlichen technischen Denkmalen.

Theorie und Praxis

1909 wurde mit dem Flugplatz Johannisthal-Adlershof einer der ersten unternehmerisch geführten Motorflugplätze in Deutschland eröffnet. Der Traum vom Fliegen sollte in Berlin Wirklichkeit werden. Die hier stattfindenden Flugschauen zogen nicht nur Tausende Schaulustige an, auch Pioniere des deutschen Flugzeug- und Flugmotorenbaus ließen sich am Flugplatz Johannisthal-Adlershof nieder. 1912 kam die gerade neu gegründete Deutsche Versuchsanstalt für Luftfahrt e. V. (DVL) hinzu. Vom Deutschen Reich finanziert, entstanden die ersten Anlagen der DVL am östlichen Rand des Flugfeldes an der Rudower Chaussee. Neben fünf kleinen Motorenprüfständen gehörte zu diesen ersten Bauten auch das heute noch erhaltene Laborgebäude (01). Zweck der DVL war laut § 1 der Vereinssatzung, „das deutsche Flugwesen und die deutsche Luftschifffahrt durch Errichtung, Ausbau und Unterhaltung einer Versuchsanstalt zu gemeinem Nutzen zu fördern".

Turbulente Zeiten

1913 wurden die ersten wissenschaftlichen Abteilungen der DVL für Flugmotoren, Flugzeuge und Physik eingerichtet. Mit Beginn des Ersten Weltkriegs 1914 übernahm das Militär die Gebäude und die Einrichtungen und nutzte sie ab 1915 als Prüfanstalt und Werft der Fliegertruppe. Nach Kriegsende und der Lockerung des Versailler Vertrags konnte die eigentliche Forschungstätigkeit allmählich wiederaufgenommen werden. Gleichzeitig übernahm die DVL die Musterprüfung neuer

Flugzeugtypen. In den folgenden Jahren entstanden neue Abteilungen und ab 1931 war auch der Verbleib der DVL in Adlershof nach der Klärung offener Grundstücksfragen endgültig gesichert.

Aufstieg und Absturz

Im Zuge der rasanten Entwicklung der Luftfahrt in den 1930er-Jahren und ihrer Förderung durch das Deutsche Reich, nicht zuletzt aufgrund militärischer Erwägungen, erfuhr die DVL einen umfassenden Ausbau. Hierzu gehörten auch die drei Bauwerke des heutigen Aerodynamischen Parks: Im großen Windkanal (02), erbaut 1932 bis 1934, wurden aerodynamische Untersuchungen an Flugzeugbauteilen in Originalgröße und an Modellen vorgenommen. Der Trudelwindkanal (03) steht als freie Betonskulptur gleich nebenan. In dem rund 20 Meter hohen, eiförmigen Turm konnten, durch einen vertikalen Luftstrom getragen, Flugzeugmodelle praktisch „in der Luft stehend“ bei ihrem Flug- bzw. Trudelverhalten gefilmt werden. Im schallgedämpften Motorenprüfstand (04) wurde die Leistung luft- und flüssigkeitsgekühlter Flugmotoren untersucht. Die zwei flankierenden, 15 Meter hohen Türme, die der Belüftung dienten, verleihen ihm seine charakteristische Form. Mit dem Ende des Zweiten Weltkriegs hörte auch die DVL auf zu existieren. Ihre technischen Anlagen und die Forschungsergebnisse wurden beschlagnahmt und in die Sowjetunion verbracht. Ab 1949 nutzte die Akademie der Wissenschaften der DDR das Gelände.

Zukunft mit Tradition

Nach der Wende wurde das Gebiet konsequent als Wissenschafts- und Wirtschaftsstandort Adlershof (WISTA) weiterentwickelt. Im Ergebnis gehört der Stadtteil heute zu den 15 wichtigsten Science and Technology Parks weltweit. Renommierte außeruniversitäre Forschungseinrichtungen, sechs Institute der Humboldt-Universität zu Berlin und rund 1.200 Unternehmen sowie zahlreiche Gründerzentren wurden hier angesiedelt. Darunter ist auch ein Standort des Deutschen Instituts für Luft- und Raumfahrt (DLR), das die Tradition Adlershofs als Stätte der Luftfahrtforschung fortsetzt. Der Aerodynamische Park selbst gehört heute zum Campus Adlershof der Humboldt-Universität zu Berlin, der hier seit Mitte der 1990er-Jahre etabliert wurde. Im Motorenprüfstand, in dem einst Triebwerke getestet wurden, befindet sich der studentische Treffpunkt „MoPS“. Ganz verschwunden ist das Dröhnen der Flugmotoren aber nicht, denn die Klanginstallation „Air Borne“ von Stefan Krüskemper vermittelt an 15 Stationen im Gelände „akustische Erinnerungsbilder“ der Geschichte des Areals.

↑ Der schallgedämpfte Motorenprüfstand im Aerodynamischen Park © Andreas FranzXaver Süß

↑ Der Trudelturm der DVL wurde von 1934 bis 1936 errichtet. © Andreas FranzXaver Süß

Infos für Neugierige
Buchtipp
Graichen, Kurt: Technische Denkmale der Luftfahrtforschung in Berlin-Adlershof, Berlin 1994

← Zur Erzeugung des Luftstromes im großen Windkanal diente ein Gebläse mit 8,5 Metern Durchmesser. © SDTB, Historisches Archiv, Foto: Hans Schaller

CORONA SCHNELLTEST
KOSTENLOSER BÜRGERTEST
CORONA SCHNELLTEST
TÄGLICH UND OHNE TERMIN
DRIVE- UND WALK-IN
KINDERFREUNDLICH

INDUSTRIEKULTUR IN DER REGION

WASSERWERK FRIEDRICHSHAGEN

Ob Gas, Wasser oder Elektrizität – in den Pionierphasen der Stadttechnik setzte Berlin auf die Kompetenz der Privatwirtschaft. Die Berlin Waterworks Company (BWC) war nach der Imperial Continental Gas Association das zweite Unternehmen, das mit technischem Wissen und Geldern aus England neuartige Versorgungswerke in Berlin baute und betrieb. Eine Win-win-Situation, bis das System nicht allein wirtschaftlich sein musste, sondern auch sozialen Zielen dienen sollte. Dann musste die Stadt selbst tätig werden und in die weitere Entwicklung investieren.

Müggelseedamm 301–310
12587 Berlin

Baujahr/Bauherren
ab 1889/Städtische Wasserwerke
Architekt
Richard Schultze
Ingenieur
Henry Gill
Denkmalschutz
Einzeldenkmale und Denkmalbereich
Eigentümer heute
Berliner Wasserbetriebe
Nutzung heute
Wasserwerk, Museum und Wohnen

↑

Private Leistungen

Der Berliner Magistrat schloss 1852 mit den Engländern Charles Fox und Thomas Russel Crompton einen Vertrag für die öffentliche Wasserversorgung. Den beiden Londoner Unternehmern und ihrer Berlin Waterworks Company (BWC) wurde ein Versorgungsmonopol mit einer Laufzeit von 25 Jahren zugesichert. Bereits im Oktober 1853 begann der Bau des Wasserwerks vor dem Stralauer Tor, drei Jahre später ging es in Betrieb. Schon bald zeigte sich, dass die Leistung des Werkes nicht mit dem schnellen Wachstum der Stadt Schritt halten konnte. Das Wasser reichte kaum für die Hälfte der Berlinerinnen und Berliner, doch die BWC war zu neuen Investitionen nur bereit, wenn das Monopol um weitere 25 Jahre verlängert würde. Eine für den Magistrat unannehmbare Forderung. 1874 konnte der Magistrat sämtliche Bauten und das Leitungsnetz erwerben, drei Jahre später wurde das erste städtische Wasserwerk in Tegel in Betrieb genommen.

Die Stadt übernimmt

Für die Planung und die Leitung der städtischen Wasserwerke übernahm Berlin den englischen Ingenieur Henry Gill. Dieser hatte mit John Moore das Wasserwerk am Stralauer Tor aufgebaut und war seit 1854 von der BWC als Betriebsleiter eingesetzt worden. Berlin sicherte sich durch Gill und seine Beschäftigten die Expertise, die für den weiteren Ausbau dringend benötigt wurde. Durch Zuzüge wuchs die Stadt rasant, 1877 war die Millionengrenze überschritten, und die Wasserversorgung musste darauf eingestellt werden. 1873 legte Gill erste Pläne für

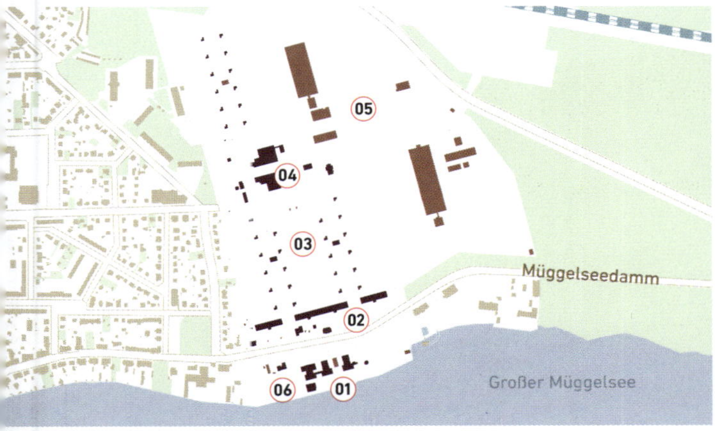

ein neues Wasserwerk am Müggelsee vor. 1889 begann die Errichtung des Wasserwerks, das für den schrittweisen Ausbau in vier Quadranten unterteilt war. Am Seeufer wurden Schöpfmaschinenhäuser platziert (01), im Norden – getrennt durch eine Chaussee – sollte in vier Feldern das Wasser in Rieselergebäuden (02), Filter- und Reinwasserbehältern (03) aufbereitet und über Pumpmaschinenhäuser (04) zum gleichzeitig errichteten Zwischenpumpwerk in Lichtenberg befördert werden. Auf beiden Seiten der Chaussee wurden Wohnhäuser für Beschäftigte in den begrünten Saum der Großanlage eingefügt. Für den architektonischen Teil des Großprojekts war der Stadtbaumeister Richard Schultze zuständig, der sich an beiden Standorten an der märkischen Backsteingotik orientierte.

Kein Stillstand

Doch die klösterliche Anmutung und die malerische Einbettung der Bauten am Ufer des Sees täuschen. Als die ersten beiden Ausbaustufen 1893 in Betrieb genommen wurden, galt das Wasserwerk am Müggelsee als das modernste und größte in Europa. Bereits 1894 begann der Ausbau des dritten Quadranten, 1904 folgte der Bau von 350 Brunnen zur Grundwassergewinnung. In den 1920er-Jahren stand eine umfassende Modernisierung des Standorts an: Alte Anlagenteile wurden stillgelegt und durch neue ersetzt, neben den Dampfmaschinen wurden Elektromotoren installiert und die Kohle konnte jetzt über eine Hängebahn transportiert werden. Über Jahrzehnte gehörten Umbauten, Erneuerungen und Sanierungen zum Alltag des Wasserwerks. Und doch blieben bis 1979 nicht nur Teile des historischen Werkes in Betrieb – selbst die Dampfkraft hatte sich in manchen Bereichen halten können.

Neue Nutzungen

In den Dornröschenschlaf sanken die alten Anlagen erst, als in den 1970er- und 1980er-Jahren neue See- und Grundwasserwerke am Müggelsee errichtet wurden (05). Zur 750-Jahr-Feier der Doppelstadt Berlin wurde 1987 das Museum im Alten Wasserwerk eröffnet. Das Wasserwerk mit Kessel- und Maschinenhaus B am Ufer des Müggelsees ist für Besuche im Rahmen von Führungen zugänglich. Eine alte Verbundkolbendampfmaschine gibt im – heute elektrischen – Schaubetrieb Einblick in die früheren Arbeitsbedingungen im Wasserwerk. Die Bauten und die Flächen im Norden des Müggelseedamms werden von den Berliner Wasserbetrieben genutzt, die ehemaligen Beamtenwohnhäuser (06) sind nach wie vor vermietet.

Infos für Neugierige
Buchtipp
Kley, Günter: Wasserwerk Friedrichshagen. Industriedenkmal und Versorgungsbetrieb 1893–1993, Berlin 1993

Führungen
bwb.de/fuehrungen

Die Maschinenhäuser A und B wurden direkt am Großen Müggelsee errichtet. © Architekturmuseum TU Berlin, Inv.-Nr. F 16691

Das Schöpfmaschinenhaus B mit den erhaltenen Dampfmaschinen © Andreas FranzXaver Süß

Das Backstein-Ensemble wurde im Stil der Gotik erbaut und erinnert mit seinen Details an eine Klosteranlage. © Andreas FranzXaver Süß

↑ © Andreas FranzXaver Süß

W. SPINDLER, WÄSCHEREI UND FÄRBEREI

Mit seiner 1832 gegründeten Wäscherei prägte Wilhelm Spindler einen gesamten Ortsteil. Noch heute erinnert der Name Spindlersfeld an das Unternehmen. Neben der technischen Einrichtung der Werksanlagen war auch sein soziales Engagement für die Belegschaft Ende des 19. Jahrhunderts fortschrittlich. Wo früher Berlins dreckige Wäsche gewaschen wurde, entstehen heute Wohnungen in direkter Lage am Wasser.

Ottomar-Geschke-Straße 17
12555 Berlin

Baujahr/Bauherren
Baubeginn 1872/
Firma Spindler
Architekten
u. a. Walter Kyllmann,
Adolf Heyden
Denkmalschutz
Gesamtanlage
Nutzung heute
Wohnen

Vom Keller auf die grüne Wiese

Am 1. Oktober 1832 gründete Wilhelm Spindler in einem kleinen Kellerraum in Berlin-Mitte eine Seidenfärberei mit einer einzelnen Waschstelle an der Spree. Er arbeitete mit großem Engagement und war interessiert an technischen Entwicklungen. In kurzer Abfolge eröffnete er eine Färberei- und Wäschereifabrik sowie weitere Filialen in Berlin. Dank seiner Kontakte in ganz Europa war es ihm möglich, 1854 als Erster in Deutschland eine chemische Reinigung von Textilien anzubieten. Die sogenannte Trockenreinigung war textilschonend, aber mit einem höheren und gesundheitsgefährdenden Arbeitsaufwand verbunden. Dies führte dazu, dass Wilhelm Spindler mit seinem Unternehmen nach Köpenick vor die Tore Berlins zog.

Ein neuer Name

Auf der Köpenicker Feldmark erwarb er 1871 50 Hektar Land direkt am Wasser. Zwei Jahre später wurde der erste Flügel des Hauptgebäudes eingeweiht und ein Teil der Produktion dorthin verlegt. Beim Kauf hatte das Gebiet gegenüber der Köpenicker Altstadt noch keinen offiziellen Namen. Durch die Ansiedlung des Unternehmens etablierte sich die Bezeichnung „Spindlersfeld", die fortan auch von der Bevölkerung und der Firma genutzt wurde. 1873 folgte die offizielle Bestätigung der Namensgebung durch die brandenburgische Provinzialregierung.
1893 verlegte das Unternehmen die Produktion als Anstalt zur chemischen Reinigung, Wäscherei und Färberei fast vollständig nach Spindlersfeld. Insgesamt 1.886 Beschäftigte waren auf dem weitläufigen Fabrikkomplex tätig.

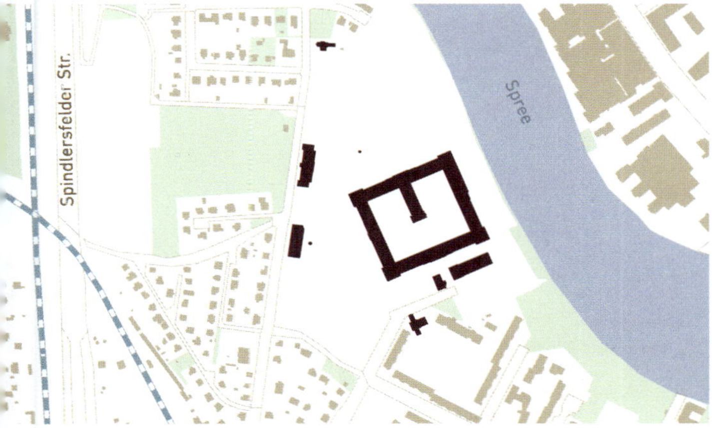

Fortschritt bei Technik und Arbeitsbedingungen

Dank Wilhelm Spindlers Interesse an technischen Entwicklungen entsprachen die Betriebsanlagen im eigens für die Wäscherei geplanten Ringbau den neuesten Standards. Die Arbeitsräume wurden mit Dampf beheizt, zahlreiche Fenster und Luftkanäle in den Pfeilern sorgten für eine ausreichende Belüftung der Räume. Die chemische Reinigung erfolgte in geschlossenen Systemen, wodurch ein Teil des Benzins wiederverwendet werden konnte. Daneben erhielt die Firma 1907 eine Auszeichnung für ihre mustergültige Reinigung der Abwässer in einer eigenen Kläranlage auf dem Gelände.
Spindler richtete zahlreiche Wohlfahrtseinrichtungen ein, unter anderem eine Betriebskrankenkasse, eine Berufsschule, einen Kindergarten, zwei Sparkassen sowie ein Erholungshaus. Neben einer Sechs-Tage-Woche mit täglich maximal zehn Stunden Arbeitszeit erhielten Arbeiter immerhin eine Woche bezahlten Erholungsurlaub im Sommer. In der Nähe errichtete die Firma ab 1873 eine Werkssiedlung mit Anschluss an das Gas- und das Wassernetz der Wäscherei für insgesamt bis zu fünfzig Familien, die sogenannten Spindlerbauten.

VEB Rewatex – Reinigt und wäscht Textilien

Nach der Umwandlung in eine Aktiengesellschaft 1922 durch die dritte Generation der Familie Spindler übernahm in den folgenden Jahren die Schering AG die Mehrheit der Anteile. Diese nutzte Spindlersfeld als Zweitstandort zum Areal in der Müllerstraße in Wedding. Während der Zeit des Nationalsozialismus richtete sich die Firma auf militärische Wäsche aus. Ab 1941 wurden unter menschenverachtenden Bedingungen jüdische und französische Zwangsarbeiter:innen im Werk eingesetzt. Der Ost-Berliner Teil der Schering AG wurde enteignet und war ab 1953 unter dem Namen VEB Blütenweiß tätig, später als VEB Vereinigte Wäschereien Berlin Rewatex (kurz VEB Rewatex, ab 1981 VEB Kombinat Rewatex). Der Name Rewatex leitete sich von dem Spruch „Reinigt und wäscht Textilien" ab. 1989 waren dort rund 4.500 Beschäftigte tätig, hinzu kamen Häftlinge sowie Gastarbeiter.

Niedergang und Neubeginn

Mit dem Zusammenbruch der DDR wurde das Unternehmen als Aktiengesellschaft weiterbetrieben und kurz darauf verkauft. Mitte der 1990er Jahre stellte es den Betrieb am Standort Spindlersfeld komplett ein. Es folgten Leerstand und Verfall. Seit 2015 entsteht auf und neben dem denkmalgeschützten Fabrikkomplex die „Wasserstadt Spindlersfeld" mit mehr als 800 Wohnungen und direktem Zugang zur Spree.

Infos für Neugierige
Film
„Die Wäscherinnen" von 1972
bpb.de/mediathek/264627/waescherinnen

Das Firmengelände der Wäscherei Spindler, um 1896 © Denkschrift zur Berliner Gewerbe-Ausstellung, 1896

Arbeiterinnen in der Wäscherei Rewatex, um 1971 © SDTB, Historisches Archiv, Foto: Günter Krawutschke

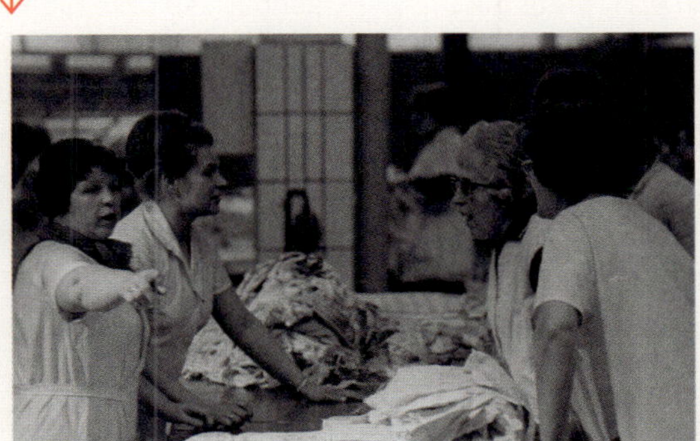

Detail der historischen Fassade auf dem Werksgelände © Andreas FranzXaver Süß

© Andreas FranzXaver Süß

BERLINER BÜRGERBRÄU

Friedrichshagen wurde Mitte des 18. Jahrhunderts als kleines Kolonistendorf zur Ansiedlung von böhmischen und schlesischen Baumwollspinnern gegründet. Daneben etablierte sich dort ab den 1870er-Jahren auch eine Brauerei. Direkt am Müggelsee in Köpenick gelegen, zeugt bis heute das denkmalgeschützte Ensemble der Berliner Bürgerbräu mit seinem über 30 Meter hohen Schornstein von fast 150 Jahren Brautradition. Bis zu ihrer Schließung 2010 war die Bürgerbräu eine der ältesten Brauereien der Stadt.

Müggelseedamm 164–166/
Josef-Nawrocki-Straße 8
12587 Berlin

Baujahr/Bauherren
um 1900, Umbau 1925–1930/ Genossenschaftsbrauerei
Architekt
unbekannt
Denkmalschutz
Gesamtanlage
Eigentümer heute
Privat sowie Grundstücksgesellschaft BürgerBräuQuartier am Müggelsee mbH
Nutzung heute
Leerstand, Wohnraum, Büroflächen, Arztpraxen (geplant)

Friedrichshagen als Ausflugsziel

Die wechselvolle Geschichte der Berliner Bürgerbräu beginnt 1869 mit dem Kaufmann Hermann Schäfer aus Weimar. Nach mehreren Besitzerwechseln kaufte er das Schulzengut Friedrichshagen und errichtete dort eine Brauerei und ein Ausflugslokal unter dem Namen „Lindenbrauerei". Ende des 19. Jahrhunderts wurden Ausflugslokale am Wasser für das übervölkerte Berlin immer beliebter. Der Erfolg hielt jedoch nicht lange an und Schäfer musste mit seiner Brauerei Konkurs anmelden.

Im September 1901 folgte die Gründung der Ersten Genossenschaftsbrauerei Friedrichshagen. Für diese hatten sich die Mitglieder der Einkaufsgenossenschaft des Verbandes der Gast- und Schankwirte von Berlin und Umgebung zusammengetan, um in eigener Regie Bier herzustellen. Damit gründeten sie eine der ersten genossenschaftlichen Brauereien des Deutschen Reiches. Nach anfänglichen Startschwierigkeiten florierte das Geschäft, sodass die Produktionsanlagen modernisiert und ausgebaut werden konnten. Von knapp 16.000 Hektolitern im ersten Geschäftsjahr steigerte sich die Menge auf über 95.000 Hektoliter im Jahr 1911. Der Umsatzeinbruch durch den Ersten Weltkrieg konnte in den darauffolgenden Jahren schnell überwunden werden. 1926 folgte jedoch ein weiterer Rückschlag, als durch Brandstiftung große Teile des Dachstuhls zerstört wurden. Glück im Unglück: Die Produktionsstrecke blieb von dem Feuer verschont und es konnte trotz der Schäden weiter Bier gebraut werden.

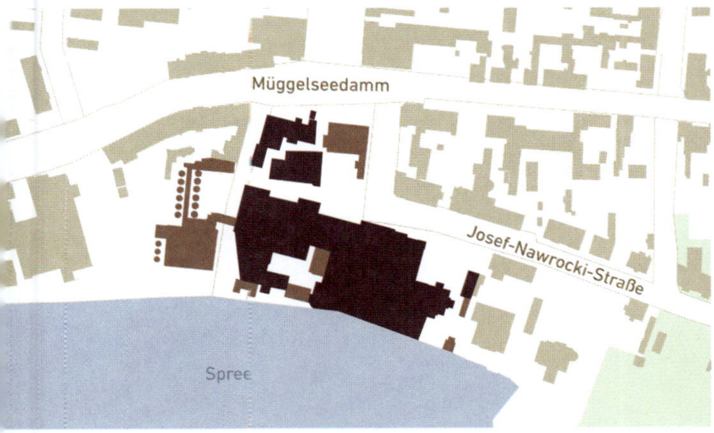

BBB

Um 1930 firmierte die Genossenschaftsbrauerei zur Berliner Bürgerbräu eGmbH. um und reaktivierte den an die Brauerei angeschlossenen Ausschank unter dem Namen „Bürger-Bräustübl". Während des Nationalsozialismus wurde die Genossenschaft zerschlagen und 1936 folgte die Gründung der Berliner Bürgerbräu AG, abgekürzt BBB. Bis heute ist die Abkürzung an der Fassade weithin über den Müggelsee sichtbar. Der Betrieb florierte während der NS-Diktatur und erhielt mehrere Auszeichnungen. Um den Mangel an Arbeitskräften auszugleichen, wurden während des Krieges Zwangsarbeiter und Zwangsarbeiterinnen eingesetzt.

Sozialistischer Musterbetrieb

Nach Ende des Zweiten Weltkriegs wurde die Brauerei als Sowjetische Aktiengesellschaft (SAG) fortgeführt und produzierte vorwiegend für die Rote Armee. Ab 1949 hieß der Betrieb VEB Berliner Bürgerbräu und verwandelte sich in ein sozialistisches Vorzeigeunternehmen. Unter anderem belieferte das Unternehmen Interhotels, diplomatische Vertretungen und die kleine Kreuzfahrtflotte der DDR. Bekannte Sorten waren unter anderem „Rotkehlchen" und „Bernauer Schwarzbier". Die Produkte der Bürgerbräu entwickelten sich zum Exportschlager – nicht nur im osteuropäischen Wirtschaftsraum. Auch in westliche Staaten wie die Bundesrepublik, die USA oder Schweden wurde das Bier geliefert. Vor allem in Japan war es bis zur Schließung der Brauerei sehr beliebt.

Niedergang

Mit dem Ende der DDR folgte die Privatisierung und eine bayerische Brauereifamilie übernahm die Berliner Bürgerbräu. Um den Betrieb zu erhalten, wurde die Produktion gesenkt und ein Teil der Belegschaft entlassen. Neben einem weiter bestehenden Export nach Japan wurde das Bier nun vor allem in der Region Berlin-Brandenburg vertrieben.
2010 stellte die Bürgerbräu als letzte eigenständige Brauerei in Berlin ihren Betrieb endgültig ein. Ein kleiner Trost blieb jedoch: Durch den Verkauf der Rezepte und Namensrechte an die Radeberger Gruppe werden „Berliner Bürgerbräu Pils" und „Rotkehlchen" weiterhin hergestellt.

Zukunft

Nach der Schließung verfiel das Ensemble, die Bausubstanz nahm schweren Schaden. Erst 2018 wurden aus den Gebäuden die letzten Überreste der langjährigen Brautradition entfernt. In den nächsten Jahren soll das denkmalgeschützte Areal saniert werden. Unter dem Namen BürgerBräuQuartier plant der Projektentwickler auf einem Teil des Geländes bis zu 130 Wohnungen sowie Büroflächen in bester Wasserlage.

Infos für Neugierige
Buchtipp
Kießhauer, Ralf und Häring, Tina: Die Brauerei im Grünen. Von ihrer Gründung bis zur Gegenwart, Berlin 2005

BürgerBräuQuartier
buergerbraeuquartier.de

Das Direktionswohnhaus, die sogenannte Weiße Villa, neben dem Brauereigelände
© Berliner Bürgerbräu

Die hauseigene Böttcherei von Bürgerbräu © Berliner Bürgerbräu

Die drei großen B gelten als Wahrzeichen der ehemaligen Berliner Bürgerbräu.
© Andreas FranzXaver Süß

BÄRENQUELL-BRAUEREI

Wo einst über ein Jahrhundert lang Bier gebraut wurde, herrscht seit vielen Jahren der Verfall. Die ehemalige Borussia-Brauerei in Niederschöneweide hat sich vom Ausflugslokal der Berliner zu einem der beliebtesten „lost places" Berlins entwickelt. Zahlreiche Fotos und Videos im Netz dokumentieren die Anziehungskraft des morbiden Charmes – aber auch die wechselvolle Geschichte einer der ältesten Brauereien der Stadt.

Schnellerstraße 137
12439 Berlin

Baujahr/Bauherren
ab 1882/Borussia Brauerei Meinert und Kampfhenkel, Schultheiss AG
Architekten
u. a. Robert Bunkel, H.O. Obrikat
Denkmalschutz
Gesamtanlage
Eigentümer heute
Home Center Management GmbH
Nutzung heute
Gastronomie, Clubbing, Kreativzentrum (geplant)

↑ © Andreas FranzXaver Süß

Vom Ausflugslokal zum Industriegebiet

Heute erinnert in Schöneweide nicht mehr viel daran, dass dieses Gebiet vor der Randwanderung der Berliner Industrie zu einem der beliebtesten Ausflugsziele der Berliner Bevölkerung gehörte. Wo um 1600 nur ein einsamer Teerofen am Waldrand stand, entwickelte sich ab Mitte des 19. Jahrhunderts mit zahlreichen Gasthäusern, Gartenlokalen und Dampferanlegestellen ein Berlin-typischer Ort der Erholung und Vergnügung. Gleichzeitig siedelten sich aber auch erste Industriebetriebe an, unter anderem Bleichereien und Textilfabriken. 1878 wurde aus den „Etablissements bei Köpenick" südlich der Spree die eigenständige Landgemeinde Niederschöneweide. Mit der Selbstständigkeit ging auch die weitere Industrialisierung des Areals einher. Die Bärenquell-Brauerei vermittelt als letztes Denkmal noch heute einen Eindruck dieser frühen Industrieansiedlungen.

Brauereistandort mit Tradition

Bis heute zeugen die imposanten Klinkerbauten im neugotischen Stil von mehr als 120 Jahren Brauereitradition in Niederschöneweide. Die Geschichte des über vier Hektar großen Geländes beginnt mit den Unternehmern Meinert und Kampfhenkel. 1882 gründeten sie die Borussia-Brauerei auf einem schmalen Geländestreifen zwischen der heutigen Schnellerstraße und dem Spreeufer. Mit dem Beamtenwohnhaus (01) entstand 1882 sowohl das älteste Gebäude der Brauerei als auch der gesamten Gemeinde Niederschöneweide. Wenige Jahre später folgte das Verwaltungsgebäude (02) im Stil der

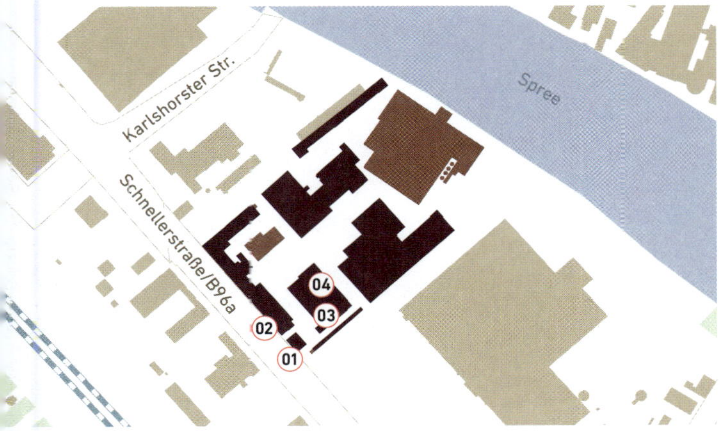

Neorenaissance. Im hinteren Teil des Geländes wurde das Bier in einem Restaurationssaal mit angeschlossenem Biergarten direkt ausgeschenkt. Der Außenbereich bis zum Ufer der Spree war als Landschaft aus Felsformationen, Grotten, zwei Aussichtstürmen sowie zahlreichen Ruheplätzen eine besondere Attraktion.

Ein Konzern übernimmt das Ruder

Bereits 1898 wurde die Brauerei der beiden Unternehmer durch die Schultheiss AG übernommen und das Areal durch Grundstücksankäufe in westlicher Richtung erweitert. Als „Abteilung IV" belieferte die Brauerei nun vorwiegend das Berliner Umland. In den folgenden Jahren entstanden die großen, neugotischen Gebäude, die das Erscheinungsbild des Areals bis heute prägen. Der zentrale viergeschossige Bau für Sudhaus und Maschinenhaus (03) aus dem Jahr 1906 verfügt über einen massiven Turm am östlichen Ende. Alle Anlagen wurden mit Elektromotoren betrieben, die über ein betriebseigenes Kraftwerk gespeist wurden. Die Brauerei florierte und es folgten weitere Ausbauten der Gebäude.

Von Borussia zu Bärenquell

Nach Ende des Zweiten Weltkriegs wurde die Brauerei unter Sowjetverwaltung gestellt. Der Betrieb geriet in den Wirren der Nachkriegszeit ins Stocken. Nach einer Modernisierung wurde ab 1955 unter dem Namen VEB Brauerei Bärenquell die neue Biersorte „Bärenquell" gebraut.

1969 entstand ein zweites Sudhaus (04) im Stil der internationalen Moderne mit einer vollständig verglasten Hauptfront. Rund 300 Menschen waren in den 1980er-Jahren dort beschäftigt und sorgten für eine jährliche Produktion von rund 250.000 Hektolitern Bier.

Nach Ende der DDR kaufte die Henninger-Bräu AG die wieder privatisierte Brauerei und investierte hohe Summen in die Modernisierung. Trotz anfänglich vielversprechender Prognosen und guter Marktanteile musste der Betrieb am 1. April 1994 endgültig schließen. Es folgte eine lange Phase des Leerstands und des Verfalls. Brände, Vandalismus und die zeitweise Besiedlung durch Obdachlose sowie Wanderarbeiter hinterließen Spuren an den denkmalgeschützten Bauwerken.

Kreativwirtschaft und Clubkultur

Im Juli 2015 übernahm das Berliner Unternehmen HCM das Gelände. Mit einem Budget von 250 Millionen Euro soll sich in den kommenden Jahren hier ein modernes Stadtquartier entwickeln. Bei der denkmalgerechten Sanierung sollen rund 70 Prozent des historischen Gebäudebestands erhalten bleiben – aber auch einige der zahlreichen, oft kunstvollen Graffitis, die in der Zeit des Leerstands entstanden.

Bisher ist es nur eine Vision: ein Ort für Kultur, Lifestyle und Wissenschaft mit Bürolofts, Ateliers, kleinen Betrieben, Cafés und Restaurants. Auch eine Privatuniversität soll sich später auf dem Gelände ansiedeln. Den Anfang macht der Club „Revier Südost", vorher bekannt als „Griessmühle", mit einer Open-Air-Tanzfläche und einem Biergarten. Seit Mitte 2021 findet auf dem Gelände auch regelmäßig ein Markt mit regionalen Lebensmitteln, Streetfood und Kunsthandwerk statt.

← Ein Bärenquell-Pferdegespann verlässt die Brauerei, 1955. © akg-images

Infos für Neugierige
Projekt Bärenquell
baerenquell.eu

Revier Südost
reviersuedost.de

→ Nach der Übernahme durch Schultheiss wurde die Brauerei unter dem Namen „Abteilung IV" weitergeführt. © Schultheiss-Patzenhofer

GLANZFILM

Die historischen Klinkerbauten und die parkähnliche Umgebung auf der Halbinsel Krusenick in Köpenick lassen einen Hauch der damaligen Atmosphäre erahnen. Wo früher Filmstars wie Hans Albers, Marika Rökk und Marlene Dietrich ihre Filme freigaben, befinden sich heute sanierte Wohnungen mit direktem Zugang zur Spree. Auf dem Gelände der Glanzfilm AG wurden über 80 Jahre lang Rohfilme, Fotopapiere und Chemikalien produziert.

Friedrichshagener Straße 9
12555 Berlin

Baujahr/Bauherren
1922–1925/Glanzfilm AG
Architekten
Heinz Müller-Erkelenz, Ferdinand Flakowski
Denkmalschutz
Gesamtanlage
Eigentümer heute
privat
Nutzung heute
Wohnen, Gewerbe

Konkurrenz belebt das Geschäft

Anfang der 1920er-Jahren gründete die Vereinigte Glanzstoff-Fabriken AG aus Wuppertal die Glanzfilm AG in Köpenick. Hier sollten Rohfilme aus Azetat hergestellt werden, um das Sortiment zu erweitern. Durch die Herstellung von eigenem Filmmaterial wollte die Firma eine Marktlücke schließen: Ein neuer, nicht entflammbarer Rohfilm sollte mit den vier marktbeherrschenden Herstellern AGFA, Goerz, Lignose und Düren und deren Preisabsprachen konkurrieren.
Trotz moderner Technik konnte sich die Glanzfilm AG nicht auf dem Markt durchsetzen und arbeitete mehrere Jahre mit Verlust – zu groß war der Vorsprung etablierten Betriebe.

Vom Außenseiter zum Global Player

1927 wurde die Firma von George Eastmans Kodak Company übernommen, die damit ihr weltweites Konzernnetzwerk ausbaute. Fortan erfolgte die Produktion von Schwarz-Weiß- und Röntgenfilmen sowie der dazu benötigten Verarbeitungschemikalien unter dem Namen „Kodak AG, Werk Köpenick". In den nächsten Jahren wurden die Produktionsanlagen stetig erweitert.
1941 beschuldigten die Nationalsozialisten Kodak der Kollaboration mit der amerikanischen Regierung und beschlagnahmten kurzerhand das Köpenicker Werk als Feindvermögen. Die Fabrik produzierte unter Verwaltung des Reichswirtschaftsministeriums weiter.

Modernes Fabrikareal

Die Anlagen auf dem über elf Hektar großen Gelände wurden von 1923 bis 1925 im Stil der Neuen Sachlichkeit errichtet; die Entwürfe lieferten Heinz Müller-Erkelenz und Ferdinand Flakowski. Die roten Klinkerverblendbauten wurden mit gliedernden Elementen, Rahmungen und sparsam eingesetzten Stilelementen des Neobarocks um 1800 ergänzt. Das dreigeschossige Verwaltungsgebäude (01) und das Kantinengebäude (02) an der Straße heben sich mit ihrer Repräsentationsarchitektur von der restlichen Gestaltung ab.

In der Mitte der großzügigen Gesamtanlage befinden sich zwei Gebäude zur Rohfilmfabrikation (03 + 04) sowie eines zur Rohfilmverarbeitung (05), die den Kern der ehemaligen Filmfabrik bildeten. Weiter nördlich schließen sich das Magazin und das Filmlager an (06 + 07), in welchen Material und fertige Rohfilme gelagert wurden. In den Absorptions- und Rektifizieranlagen (08 + 09) am südlichen Ende des Geländes wurden die zur Herstellung verwendeten Lösungsmittel wiederaufbereitet.

Produktion unter falschem Namen

Nach Kriegsende 1945 fiel der Betrieb unter sowjetische Verwaltung. Obwohl Name und Warenzeichen „Kodak" rechtlich geschützt waren, wurden bis 1956 weiterhin Kinofilme und Röntgenplatten unter dieser Bezeichnung in Ost-Berlin hergestellt. In den 1950er-Jahren erfolgte neben der Erweiterung der Anlagen die Umwandlung in den VEB Fotochemische Werke Berlin, kurz FCW.

Das FCW stellte Röntgenfilme, Schwarz-Weiß-Filme, Fotopapier und Fotochemikalien her. In den 1970ern wurden mehrere Unternehmen im VEB Fotochemisches Kombinat Wolfen vereinigt, wodurch eine enge Verbindung mit der Marke ORWO entstand. Dies führte dazu, dass sich das Werk in Köpenick auf die Herstellung von Röntgenfilmen spezialisierte und ab diesem Zeitpunkt auch Grundlagenforschung vor Ort dazu betrieb.

Vom Leerstand zur beliebten Wohngegend

Nach der Wende wurde ein Teil der Produktion als GmbH weitergeführt. 1992 erhielt Kodak seine Produktionsstätte in Köpenick zurück. Durch die Entwicklungen auf dem Gebiet der Digitalfotografie musste das Werk kurz darauf schließen; es folgte ein langer Leerstand. Eine kleine Sparte der Röntgenfilmproduktion blieb jedoch mit der X-ray Retina GmbH am historischen Standort bestehen. 2010 stellte Kodak den Betrieb in Köpenick endgültig ein. In den folgenden Jahren entwickelte die Estavis AG das Gelände unter dem Namen „Glanzfilmfabrik" zu einem Wohnquartier am Spreeufer. Durch teilweise Entkernungen und die denkmalgerechte Sanierung der Außenfassaden entstanden zahlreiche Wohnungen im historischen Gebäudebestand. Damit war die „Glanzfilmfabrik" eines der ersten Fabrikgelände im Südosten Berlins, die in Wohnraum umgewandelt wurden.

Heute hat sich auf dem Areal ein beliebtes Wohngebiet mit vereinzelten Gewerben etabliert. Gefragt ist die Kulisse der denkmalgeschützten Bauten auch für Filmaufnahmen, unter anderem wurden dort Szenen der Film-Reihe „Kudamm 56" gedreht.

Infos für Neugierige
Facebook-Seite der Anwohner
facebook.com/Glanzfilmfabrik

Fotografien aus der Zeit vor der Sanierung
modernruins.de

Das Betriebslaboratorium des VEB Fotochemische Werke
© Bezirksarchiv Treptow-Köpenick
↓

Detail der historischen Fassade auf dem ehemaligen Werksgelände
© Andreas FranzXaver Süß
↓

FUNKHAUS NALEPASTRASSE

Als im Dezember 1951 aus dem Haus des Rundfunks der DDR die erste Sendung ausgestrahlt wurde, galten die Radioprogramme im Osten wie im Westen als wichtige Instrumente im Wettstreit der politischen Systeme. Mitte der 1980er-Jahre zu einer kleinen Stadt angewachsen, wurde das Funkhaus 1990 nach fast vierzig Jahren Tag- und Nachtbetrieb geschlossen. Die beiden großen Sendesäle liegen bei internationalen Künstlern bis heute wegen ihrer außergewöhnlichen Tonarchitektur hoch im Kurs. Weitere Gebäudeteile des Traditionsstandorts an der Spree nutzen zahlreiche Mieter aus den Bereichen Kunst und Musik.

Nalepastraße 18–50
12459 Berlin

Baujahr/Bauherren
1951–1956/Staatliches Rundfunkkomitee der DDR
Architekt
Franz Ehrlich
Toningenieur
Gerhard Probst
Denkmalschutz
teilweise, Einzeldenkmal und Denkmalbereich
Eigentümer heute
Uwe Fabich und Holger Jakisch, FORTRESS Immobilien AG
Nutzung heute
Büros, Ateliers, Studios, Eventlocation

↑

Haus des Rundfunks der DDR

1951 war das Verhältnis der beiden Berliner Stadthälften nicht zuletzt durch die Berlin-Blockade und die Staatengründungen merklich angespannt. Bis dahin sendete die SBZ/DDR ihre Programme aus dem im britischen Sektor gelegenen Haus des Rundfunks, das die Sowjetarmee im Mai 1945 besetzt und seither nicht wieder freigegeben hatte. Zusätzlich waren ab 1946 in Grünau provisorische Studios in den ehemaligen Bootshäusern der Danat-Bank und der Allianz-Versicherung eingerichtet worden, die Störungen im Sendebetrieb auffangen konnten.

Getunte Holzfabrik

Die Planungsleitung für das neue Funkhausensemble an der Spree wurde dem Architekten Franz Ehrlich übertragen, der 1951 in Zusammenarbeit mit dem Toningenieur Gerhard Probst die gemeinsam entwickelten Konzepte umzusetzen begann. Auf dem ausgewählten Grundstück konnten Bestandsbauten einer Holzverarbeitungs- und Furnierfabrik der 1930er-Jahre übernommen werden. Nach nur wenigen Monaten Umbau startete im September 1952 der volle Sendebetrieb im Gebäude (01) mit seinem neungeschossigen Turm.
In den folgenden drei Jahren entstanden auf dem 13 Hektar großen Gelände die Gebäude (02, 03 und 04) nach Plänen des Architekten Franz Ehrlich. Die nach Funktionen getrennten Blöcke waren durch brückenartige Übergänge miteinander verbunden.

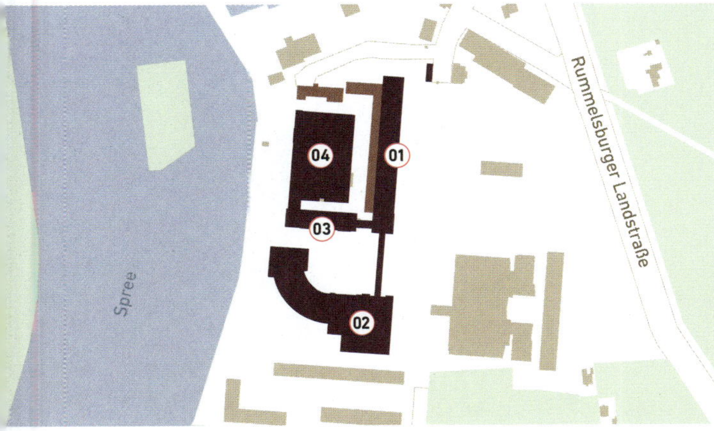

Störungsfreie Tonarchitektur

Eine besondere Bedeutung für den Sendebetrieb hatte das Gebäude B (Block B, 02) mit den beiden Sendesälen und einem bogenförmigen Anbau, der kleine und größere Aufnahmeräume für Musik und Hörspiele beherbergt. Die Studios wurden auf eigene Fundamente gesetzt und sorgfältig vor Schallübertragung aus den Nachbarräumen geschützt. Den Höhepunkt der Anlage bildet der Große Sendesaal im Obergeschoss mit dem abgesenkten Orchesterbereich und einer Orgel. Mit seinem Foyer und der ebenso repräsentativen wie akustisch optimalen Wand- und Deckenverkleidung bot er den idealen Rahmen für die Auftritte von Orchestern aus dem In- und Ausland. Noch heute werden die Anlagen für Studioaufnahmen und Konzerte genutzt – unter anderem durch das Filmorchester Babelsberg, Rammstein, Depeche Mode oder Paul Kalkbrenner.

Nalepa-Sound

1956 als neues Zentrum für den Rundfunk der DDR eingeweiht, kamen die Beschäftigten mit Programmverantwortung nun vermehrt aus Leipzig, wo 1954 das Institut für Publizistik und Zeitungswissenschaft gegründet worden war. Bis in die 1980er-Jahre entwickelte sich das Rundfunkzentrum zu einer kleinen Funkstadt mit neuen Verwaltungsbauten, Werkstätten, Geschäften und Freizeiteinrichtungen für die zwischenzeitlich auf mehrere Tausend Beschäftigte angewachsene Belegschaft. Die in dieser Zeit entstandene Bezeichnung „Nalepa-Sound" für die Sendungen von der Spree belegt die Ortsverbundenheit, die durch den langjährigen Sendebetrieb und die abgeschlossene Lage entstanden war. Am 31. Dezember 1991 endete mit der Einstellung des staatlichen Rundfunks der DDR die Arbeit der Redakteure, Musiker und Tontechniker in der Nalepastraße.

Akteure und Visionen

1992 wurde das Funkhaus in gemeinsames Landeseigentum der neu gebildeten Bundesländer überführt. Ende 2005 begann mit dem Verkauf an einen privaten Investor eine turbulente Berliner Spekulationsgeschichte, die sich im Internet gut nachrecherchieren lässt. So wurde das ursprünglich 13 Hektar umfassende Areal in mehrere Stücke geteilt, die mittlerweile an unterschiedliche Eigentümer verkauft wurden.
Die Nutzung heute ist ein vielfältiger Mix aus Kunst, Kultur und Eventlocation. Neben der Vermietung von Büros, Ateliers, Proberäumen und als Filmset gibt es auch eine Privatuniversität für Musik und Film sowie einen Coworking-Space. Der Außenbereich mit Zugang zur Spree sowie die Milchbar, eine kleine Kantine im 1950er-Jahre-Stil im Gebäude C, laden zum Träumen und Verweilen ein. 70 Jahre nach der Eröffnung erfreut sich die Tonarchitektur der vier Sendesäle internationaler Anerkennung. Perspektivisch soll das Areal durch Neubauten verschiedener Investoren wie das Projekt „Nalepaland" zum Kreativquartier ausgebaut werden.

Infos für Neugierige
Website des Funkhauses
funkhaus-berlin.net

Geführte Touren
funkhaus.events/events/1-funkhaus-tours

Göx, Andreas und Wanderer, Hannes: Die Rote Burg, Berlin 2007

Regieraum des Hörspielkomplexes 1, 1962 © Deutsches Rundfunkarchiv/rbb media, Foto: Herbert Blunck ↓

Studio 2 in Block B © Funkhaus Berlin ↓

Die Milchbar im authentischen Stil der 1950er-Jahre mit Spreeblick © Andreas Muhs ↓

DOKUMENTATIONSZENTRUM NS-ZWANGSARBEIT

Während der Zeit des Nationalsozialismus wurden etwa 26 Millionen Menschen im Deutschen Reich und den besetzten Gebieten zur Arbeit gezwungen. Von Rüstungsbetrieben über Landwirtschaft und die kommunale Verwaltung bis zum Kindermädchen in Privathaushalten – Zwangsarbeit war in Deutschland allgegenwärtig. Die Lage des Dokumentationszentrums NS-Zwangsarbeit in Niederschöneweide demonstriert die Alltäglichkeit: Inmitten eines Wohngebiets wurde das Lager ab 1943 errichtet. Seit 2006 informiert das Zentrum als Ausstellungs- und Lernort über das Schicksal der Zwangsarbeiterinnen und Zwangsarbeiter aus den besetzten Gebieten Europas.

Britzer Straße 5
12439 Berlin

Baujahr/Bauherren
1943–1945/Generalbauinspektion
Entwurf
Hans Freese
Denkmalschutz
Gesamtanlage
Eigentümer heute
Berliner Immobilienmanagement GmbH (BIM), Bezirk Treptow-Köpenick, Privatbesitz
Nutzung heute
Gedenkstätte (Ausstellungen, Jugendbegegnungen, Bibliothek), Gewerbe, Kindergarten

↑

Zwangsarbeit als Eckpfeiler der NS-Wirtschaft

Im Herbst 1939 beschloss das NS-Regime, den kriegsbedingten Arbeitskräftemangel durch den Einsatz ausländischer Arbeiter auszugleichen. Zuerst noch durch Anwerbungen, wurden später Männer, Frauen und Kinder gegen ihren Willen verschleppt. Im Deutschen Reich entstanden 30.000 Lager, davon etwa 3.000 auf dem heutigen Berliner Stadtgebiet.
Ursprünglich war das heutige Lagergelände ein Naherholungsgebiet der Nachbarschaft, bis 1943 die Errichtung des „Barackenlagers 75/76" für 2.160 Personen an der Britzer Straße beschlossen wurde. Im August 1943 startete der Bau des Wohnlagers mit dreizehn symmetrisch angelegten Steinbaracken, wurde jedoch bis Kriegsende nicht vollständig abgeschlossen.

Alltag unter unmenschlichen Bedingungen

Im Juni 1944 wurden die ersten Arbeiter in das Lager gebracht. Später folgten rund 400 italienische Militärinternierte und zivile Zwangsarbeiter aus verschiedenen Ländern wie Polen, Russland und der Ukraine.
Lange Arbeitszeiten, kein Arbeitsschutz und nur ein geringer Bruchteil des üblichen Lohns: Die Zwangsarbeiter mussten unter härtesten Bedingungen in den umliegenden Industriebetrieben in Schöneweide arbeiten. In allen größeren Betrieben, darunter die verschiedenen Fabriken der AEG entlang der Wilhelminenhofstraße, die Akkumulatoren-Fabrik AG und das Transformatorenwerk Oberschöneweide, wurden die Menschen als billige Arbeitskräfte ausgebeutet. In manchen Abteilungen der Firmen stellten sie zeitweise sogar mehr als die Hälfte der Belegschaft.

Der Alltag der Zwangsarbeiterinnen und Zwangsarbeiter war geprägt von Rassismus, Willkür und oft auch körperlicher Gewalt. Die Bedrohung durch Strafen – teilweise bis zur Hinrichtung ohne Prozess – begleitete sie ständig. Der NS-Rassismus sorgte für eine klare Hierarchie unter den Zwangsarbeitern, basierend auf ihrer Herkunft. Diese entschied unter anderem über Unterbringung, auszuführende Aufgaben und die Höhe der Essensrationen.
In den letzten Kriegsmonaten wurden zwei Baracken als Außenlager des KZ Sachsenhausen für etwa 200 weibliche Häftlinge genutzt, die ebenfalls bei der örtlichen Industrie arbeiten mussten. Ende April 1945 erfolgte die Befreiung des Lagers durch die Rote Armee.

Vergessen und wiederentdeckt

Nach Kriegsende wurde das Gelände kurze Zeit als Papierlager der Sowjetischen Militäradministration genutzt. In sechs der Baracken, die heute das Dokumentationszentrum beherbergen, zog das Impfstoff-Institut der DDR. Im östlichen Teil siedelten sich vielfältige Nutzer wie eine Werkstatt, eine Kindertagesstätte, ein Autohaus und eine Kegelgaststätte an, die sich teilweise noch immer in den Baracken befinden. Die Geschichte des Ortes und die damit verbundenen Schicksale gerieten in Vergessenheit. Im Zuge von sanierungsvorbereitenden Untersuchungen im Jahr 1993 wurden die weitgehend erhaltenen Gebäude des Barackenlagers wiederentdeckt und es fand eine erste Open-Air-Ausstellung statt. Initiativen und Privatpersonen gründeten 2004 einen Förderverein. Gleichzeitig beschloss der Berliner Senat, auf dem Gelände eine Gedenkstätte zu errichten.

Lernen am authentischen Ort

Mit seiner Eröffnung am 24. August 2006 wurde das Dokumentationszentrum NS-Zwangsarbeit offiziell Teil der Stiftung Topographie des Terrors. Es informiert mit zwei Dauerausstellungen und Wechselausstellungen über die Geschichte und die Dimension der NS-Zwangsarbeit. Einzelne Schicksale der zahlreichen Männer, Frauen und Kinder werden sichtbar gemacht und geben den vergessenen Menschen wieder ein Gesicht. Neben einem Archiv, einer Bibliothek und Angeboten der historisch-politischen Bildungsarbeit ist hier auch eine internationale Jugendbegegnungsstätte zu finden.
Seit 2008 kann im Rahmen von Führungen die Baracke 13 besichtigt werden. Sie diente unter anderem als Unterkunft für italienische Militärinternierte und Zivilarbeiter. Bis heute haben sich zahlreiche Inschriften mit Namen und Datumsangaben auf den Innenwänden des Gebäudes erhalten, die einen Einblick in das Leben der Menschen damals geben.

Infos für Neugierige
Dokumentationszentrum NS-Zwangsarbeit
ns-zwangsarbeit.de

Ausstellungskatalog
Alltag Zwangsarbeit 1938–1945, Berlin 2013

Inschriften von Zwangsarbeitenden auf den Kellerwänden der Baracke 13
© Andreas FranzXaver Süß

Die Baracke 13 ist mit zahlreichen Details aus der Bauzeit eines der am besten erhaltenen Gebäude auf dem Gelände.
© Andreas FranzXaver Süß

Biografiegang in der Dauerausstellung „Alltag Zwangsarbeit 1938–1945"
© Dokumentationszentrum NS-Zwangsarbeit, Foto: Andreas Schoelzel

DAS BERLINER ZENTRUM INDUSTRIEKULTUR

Radroute 1
Warmes Licht und kühles Bier
Kreuzberg
Mitte
Wedding
Gesundbrunnen
Prenzlauer Berg

Radroute 2
Produktion und Munition
Spandau

Radroute 3
Wasser und Strom
Treptow
Oberschöneweide
Rummelsburg

Radroute 4
Innovation und Eleganz
Kreuzberg
Schöneberg
Tiergarten
Charlottenburg
Moabit
Mitte

Radroute 5
Eisenbahn und Landebahn
Kreuzberg
Tempelhof
Schöneberg

www.industriekultur.berlin/erleben/fahrradrouten

©bzi/Juste Cizeika

Vermittlungs- und Bildungsangebote
JuniorRoute
www.industriekultur.berlin/
erleben/juniorroute

Kostenlose Broschüre
Schauplätze der Industriekultur Berlin
18 ausgewählte Orte, die beispielhaft für die industrielle Entwicklung der Stadt stehen.
www.industriekultur.berlin/
erleben/schauplaetze

Veranstaltungsreihe
Berliner Forum für Industriekultur und Gesellschaft
www. industriekultur.berlin/
erforschen/forum-
industriekultur

Weitere Informationen unter
www.industriekultur.berlin

AUS DEM VERLAGSPROGRAMM

Die Mark Brandenburg

Kulturland Brandenburg
Zukunft der Vergangenheit – Industriekultur in Bewegung
Mit Fotografien von Frank Gaudlitz
Verlagskooperation lesen lokal
1. Auflage 2021, 208 Seiten, geb.
ISBN 978-3-939629-64-1

Arne Krasting
Fassadengeflüster. Berliner Bauten der Weimarer Republik
2., erweiterte Auflage 2021,
272 Seiten, Broschur
ISBN 978-3-9480-52-00-3

Wolf D. Hartmann & Walter Stock
Der Tesla Coup. Brandenburg und das Ringen um die Gigafactory in Grünheide
1. Auflage 2021, 176 Seiten,
Broschur
ISBN 978-3-948052-02-7

Brandenburg erlesen
mit einem Abonnement der Zeitschrift DIE MARK BRANDENBURG
www.die-mark-brandenburg.de

IMPRESSUM

Herausgeber
Joseph Hoppe/Nico Kupfer

Texte und Bildrecherchen:
Kabelwerk Oberspree (KWO) und Hochschule für Technik und Wirtschaft Berlin: Thorsten Dame, Marion Steiner, Theresa Hahn
Rathenau-Hallen: Thorsten Dame, Marion Steiner, Theresa Hahn
Kraftwerk Oberspree: Thorsten Dame, Marion Steiner, Theresa Hahn
BAE Batterien GmbH: Thorsten Dame, Marion Steiner, Theresa Hahn
Peter-Behrens-Bau: Thorsten Dame, Marion Steiner, Theresa Hahn
Kraftwerk Klingenberg: Thorsten Dame, Marion Steiner, Theresa Hahn
Siedlung Oberschöneweide: Thorsten Dame, Marion Steiner, Theresa Hahn
Industriesalon Schöneweide: Marion Steiner, Theresa Hahn
Bahnbetriebswerk Schöneweide: Nico Kupfer
Reichsbahnausbesserungswerk (RAW) Schöneweide: Nico Kupfer
Straßenbahn-Betriebshof Köpenick: Theresa Hahn
Flugplatz Johannisthal: Theresa Hahn
Aerodynamischer Park: Heike Oevermann, Nico Kupfer, Theresa Hahn
Wasserwerk Friedrichshagen: Thorsten Dame, Nico Kupfer, Theresa Hahn
W. Spindler, Wäscherei und Färberei: Theresa Hahn
Berliner Bürgerbräu: Theresa Hahn
Bärenquell-Brauerei: Theresa Hahn
Glanzfilm: Theresa Hahn
Funkhaus Nalepastraße: Thorsten Dame, Marion Steiner, Theresa Hahn
Dokumentationszentrum NS-Zwangsarbeit: Theresa Hahn

Redaktion und Produktion
Anja Liebau/Joseph Hoppe/Nico Kupfer/Katharina Hornscheidt

Grafik
FÖRM – Büro für Gestaltung

Coverfoto
Andreas FranzXaver Süß

Verlag
Die Mark Brandenburg – Verlag für Regional- und Zeitgeschichte
Rahnsdorfer Straße 26 | 12587 Berlin
verlag@die-mark-brandenburg.de
www.die-mark-brandenburg.de

ISBN
978-3-948052-14-0

Druck
Elbe Druckerei Wittenberg GmbH

Abkürzungsverzeichnis
akg-images: akg-images/Sammlung Berliner Verlag/Archiv
BA: Bezirksamt
Bundesarchiv, Foto: Eva Brüggmann: Bundesarchiv, Bild 183-J0806-0006-001/Brüggmann, Eva/CC-BY-SA 3.0, CC BY-SA 3.0 DE, via Wikimedia Commons
DVN: Denkmalpflege-Verein Nahverkehr Berlin e. V.
SDTB: Stiftung Deutsches Technikmuseum Berlin
SHI: Siemens Historical Institute
W. Spindler Berlin: W. Spindler Berlin: Berlin und Spindlersfeld bei Cöpenick; Färberei – Druckerei – Appretur; Wasch- und Chemische Wasch-Anstalt; eine Denkschrift zur Berliner Gewerbe-Ausstellung, Berlin 1896, o.S., gemeinfrei
www.industriesalon.de, CC BY-SA: www.industriesalon.de; Licence: CC BY-SA (https://creativecommons.org/licenses/by-sa/4.0/)

Berliner Schriften zur Industriekultur, Band 2
Hg.: Berliner Zentrum Industriekultur (bzi)

HTW Berlin | FB 5 Gestaltung und Kultur
Wilhelminenhofstraße 75 A | 12459 Berlin

Deutsches Technikmuseum
Trebbiner Straße 9 | 10963 Berlin

kontakt@industriekultur.berlin
www.industriekultur.berlin

In Zusammenarbeit mit
Oberste Denkmalschutzbehörde/UNESCO-Welterbe
Brunnenstraße 188–190 | 10119 Berlin
OD@denkmalschutz.berlin.de
www.berlin.de/sen/kulteu/denkmal/

Das bzi wird über die oberste Denkmalschutzbehörde/UNESCO-Welterbe (Senatsverwaltung für Kultur und Europa) aus Mitteln des Landes Berlin gefördert.

Wir danken herzlich für ihre Unterstützung:
Henrike Barthel: Berliner Wasserbetriebe
Britta Berger: Eckel Public Relations
Roland Borchers: Dokumentationszentrum NS-Zwangsarbeit
Sarah Buchloh: Vattenfall Wärme Berlin AG
Tiba Fattori: MaHalla GmbH & Ko KG
Rolf Gnädiger: Gnädinger Architekten
Steffen Goldmann: Goldmann Group
Hartmut Gröschke: Denkmalpflege-Verein Nahverkehr Berlin e.V.
Adina Herde: Pressestelle, HTW Berlin
Dr. Gregor Keck: DIEAG Investmentmanagement GmbH
Eva Kuby: Dokumentationszentrum NS-Zwangsarbeit
Peter Leonhardt: Historisches Archiv der BVG
Sylvia Nitschke: WISTA Management GmbH
Thomas Radtke: Deutsches Rundfunkarchiv
Susanne Reumschüssel: Industriesalon Schöneweide
Mike Rochler: BAE Batterien GmbH
Marcel Ruhl: Historisches Archiv, Deutsches Technikmuseum
Nils-R. Schultze: KEN.B
Dr. Frank Steinbeck: Deutsches Technikmuseum
Matthias Wiedebusch: Bezirksamt Treptow-Köpenick